家禽生产学

JIAQINSHENGCHANXUE

张　娟◎主编

中国农业出版社
北　京

图书在版编目（CIP）数据

家禽生产学 / 张娟主编 .—北京 ：中国农业出版社，2023.2

ISBN 978-7-109-30430-7

Ⅰ.①家…　Ⅱ.①张…　Ⅲ.①养禽学－高等学校－教材　Ⅳ.①S83

中国国家版本馆 CIP 数据核字（2023）第 027306 号

中国农业出版社出版
地址：北京市朝阳区麦子店街 18 号楼
邮编：100125
责任编辑：武旭峰　弓建芳
版式设计：杨　婧　　责任校对：李伊然
印刷：北京中兴印刷有限公司
版次：2023 年 2 月第 1 版
印次：2023 年 2 月北京第 1 次印刷
发行：新华书店北京发行所
开本：700mm×1000mm　1/16
印张：11
字数：210 千字
定价：55.00 元

编者名单

主　编 张　娟

参　编（按姓氏笔画排序）

王永才　王哲鹏　邓占钊　卢立志
冯小芳　刘统高　孙　晶　苏　园
李建慧　辛国省　张艳梅　赵　薇
禹保军　秦士贞　黄增文　曹国伟
蒋秋斐

本书部分内容配套视频、课件、习题等教学资源已在中国大学MOOC网（https：//www.icourse163.org/）《禽生产学》在线课程中发布，可扫描下方二维码访问学习。

目　录

CONTENT

第一章　绪　　论

一、我国家禽业的发展历程

我国是驯养家禽较早的国家之一，在长期生产实践中，培育了不少优良的家禽地方品种，积累了丰富的饲养管理经验，对世界养禽业有巨大贡献。我国家禽业主要经历了以下四个时期：

（1）自然生存期（1975年前）　自给自足的分散小农生产模式，主要以农村家庭零散方式进行家禽生产，生产方式落后，生产力水平低下，产量小，发展缓慢，难以满足消费者的需求。

（2）转型期（1975—1988年）　建起了中国第一个现代化的种鸡场（北京市种禽公司）和第一个现代化蛋鸡场（红星20万只蛋鸡场）。20世纪80年代前后，开始由农户散养向适度规模化、专业化过渡，此时生产经营基本形成规模化、集约化格局；配套技术逐步建立，良种繁育、饲料营养、环境控制、产品加工、疫病防控、管理措施形成了系列体系。

（3）快速增长期（1988—2000年）　受政策、资金等因素的影响，我国的养禽业进入了飞速发展的阶段，使得国有养鸡场逐步退出了商品生产，转而进入种禽、饲料等行业，而农村养禽已成为我国家禽生产的主体，但农村养禽普遍群体较小，饲养条件简陋，生产水平普遍不高，环境污染和传染病威胁严重。

（4）稳定发展期（2000年以来）　开始从养禽大国向养禽强国转变，家禽饲养数量基本稳定、产业结构得到优化、产品质量得到提升、产业竞争力逐渐增强成为这一时期的重点。

二、我国家禽生产的现状及发展趋势

1. 现状　我国家禽养殖历史悠久，在一个很长的历史时期内，家禽业主要是农家副业。从20世纪40年代开始，各主要发达国家的养鸡业开始向现代化生产体系过渡，带动了整个家禽生产的现代化发展，至今已形成高度工业化的蛋鸡业和肉鸡业。近年来我国养禽业发展迅速，形成以鸡为主、水禽为特色、其他家禽（如鹌鹑、鸵鸟等）为补充的生产体系。

虽然我国是养禽大国，但家禽的单产水平和生产效率同发达国家相比仍有较大的差距。我国蛋鸡 72 周龄产蛋量 15～17kg，全期料蛋比为 (2.3～2.6)：1，产蛋期死淘率 10%～20%，而养禽发达国家以上三项指标分别为 18～20kg、(2.0～2.3)：1、3%～6%。我国肉鸡上市日龄 40d，上市体重 2.02～2.25kg，料肉比（1.78～1.98）：1；发达国家肉鸡上市日龄 35d，上市体重 1.95～2.15kg，料肉比（1.62～1.68）：1。

另外，在家禽生产中片面追求生产速度，忽视肉品质的提高，导致了家禽产品的品质降低；家禽良种繁育体系不健全，品质杂乱，品种退化严重；缺乏龙头企业的带动，养殖户抗市场风险能力较差。所有这些在一定程度上限制了人们对家禽的饲养，给我国家禽业的发展带来了一定的阻碍。

2. 发展趋势 家禽生产是复杂的过程，涉及多学科知识的综合应用。我国家禽生产的迅速发展，始终是以科学技术创新、引进和消化吸收为基础的，同时也得益于相关技术的产品化和饲养管理技术的示范、推广和普及。现代家禽业是综合运用生物学、生理生化学、生态学、营养学、遗传育种学、家禽学、经济管理学等学科和机械化、自动化及电子计算机等现代技术而迅速发展起来的。

（1）品种优良化 品种优良化是指采用经过育种改良的优良品种家禽获得高产。目前，多采用三系或四系配套杂交种，其生活力、繁殖力均具有明显的杂交优势，可以大幅度提高养殖效益，蛋鸡品种如海兰、罗曼，肉鸡品种如艾维因、AA 等。

（2）饲料全价化 饲料是生产禽产品的主要原料，饲料体系是物质基础和保证条件。饲料全价化是指根据饲养标准和家禽的生理特点，制定饲料配方，再按配方要求将多种原料加工成配合饲料，按不同禽种和生理阶段进行配制。养鸡业已普遍使用全价配合饲料，目前仍有开发出的各种优质肉鸡饲料、特禽饲料、特色蛋鸡饲料等。

（3）设备配套化、防疫系列化与制度化 设备配套化是指采用标准化的成套设备，如笼架系统、喂料系统、饮水系统、环境条件控制系统、集蛋系统、清粪系统等。采用先进配套的设备，可以提高禽群的生产性能，降低劳动强度，提高生产效率。防疫系列化是预防和控制家禽发生疾病的有效措施，包括疫病净化、全进全出、隔离消毒、接种疫苗、培育抗病品系，辅以药物防治等。健全防疫制度，加强家禽防疫条件审查，有效防止家禽疫病发生，实现防疫制度化。

（4）生产标准化、规模化、规范化 标准化规模养殖是现代家禽生产的主要方式，是现代畜牧业发展的根本特征。由分散养殖向标准化、规模化、集约化养殖发展，以规模化带动标准化，以标准化提升规模化。规模化、集约化生产中饲养管理条件（光照、温度、湿度、密度、通风）、饲料、饮水、消毒、清粪等饲养要素可控度高，不但会提高饲料报酬等重要经济指标，而且能最大限度地控制疫病药残，能充分体现高产、高效、优质的现代家禽业特点。规范化生产是指制定并实施科学规范的家禽饲养管理规程，配备与饲养规模相适应的畜牧兽医技术人员，严格遵守饲料、饲料添加剂、兽药和生物制品使用相关规定，生产过程实行信息化自动管理。

（5）经营产业化、管理科学化　标准化、规模化养殖与产业化经营相结合，才能实现生产与市场的对接，产业上下游才能贯通，家禽业稳定发展的基础才能更加牢固。近年来，产业化龙头企业和专业合作社在发展标准化、规模化养殖方面取得了不少成功的经验。要发挥龙头企业的市场竞争优势和示范带动能力，鼓励龙头企业建设标准化生产基地，开展生物安全隔离区建设，采取“公司＋农户”“公司＋基地＋农户”等形式进行标准化生产。扶持家禽专业合作社和行业协会的发展，协调龙头企业、各类养殖协会、中介组织、交易市场与养殖户的利益关系，使他们结成利益共享、风险共担的经济共同体。管理科学化是指按照家禽的生长发育和产蛋规律给予科学的管理，包括温度、湿度、通风、光照、饲养密度、饲喂方法、环境卫生、疫病防治等，并对各项数据进行汇总、储存、分析，实现最优化的运营管理。

（6）产品安全化、品牌化、多功能化、深加工化　绿色、安全、营养、健康的禽产品消费已成为大势所趋。品牌是产品质量、信誉度的标志，产品的竞争就是品牌的竞争，品牌给消费者以信心，是核心竞争力，消费者对同一种产品的选择，很大程度上取决于消费者对该种品牌的熟识和认可程度。禽产品功能性食品开发是未来家禽业发展的热点，除了可以提高产品附加值，增加对禽蛋和禽肉的需求外，还可满足消费者对保健食品的需要，如高碘蛋、高硒蛋、高锌蛋、低胆固醇蛋、富含维生素蛋、富集不饱和脂肪酸蛋的生产技术均已开发成功，但仍需进一步的市场开拓以达到规模化生产的目标。我国禽肉产品加工转化率仅有5%左右，而禽蛋的加工转化率不到1%，绝大部分是以带壳蛋、白条鸡等初级形式进入市场。禽蛋、禽肉深加工的市场空间非常大，禽产品深加工是增加产品附加值的有效途径。

随着我国经济的不断发展，人们生活水平不断提高，健康意识不断增强，人们对家禽产品的消费正在由数量型转为质量型，人们普遍要求畜禽产品肉味鲜美、瘦肉率高、脂肪含量低，甚至除了营养丰富外，还要求其具有生理调节功能，即保健型禽蛋和禽肉产品。我国加入WTO后，给养禽业带来了极大的机遇和挑战，因家禽产品的低脂肪、低胆固醇、高蛋白，营养均衡，符合健康消费的要求，在国内外市场广受消费者欢迎。家禽的生产将在稳定传统蛋禽和肉禽生产的同时，进行品种改良并探寻合理饲养方式以提高家禽的生产性能和禽产品的质量。随着我国经济的进一步发展和城乡人民生活水平的逐步提高，禽产品的消费市场势必进一步扩大，养禽业将有更广阔的发展前景。

第二章　家禽的生物学特征

鸡在分类学上属于鸟纲鸡形目雉科原鸡属，家鸡起源于鸡属中的红色原鸡；鸭在分类学上属于鸟纲雁形目鸭科河鸭属，家鸭起源于河鸭属的绿头野鸭和斑嘴野鸭；瘤头鸭在分类学上属于鸟纲雁形目鸭科栖鸭属，与人类饲养的家鸭同科不同属，瘤头鸭起源于栖鸭属的野生瘤头鸭，是栖鸭属的唯一代表；鹅在分类学上属于鸟纲雁形目鸭科雁属，中国鹅起源于鸿雁，欧洲鹅和新疆的伊犁鹅起源于灰雁，鸿雁和灰雁同属不同种。

第一节　家禽的外貌特征与体尺测量

家禽的外貌与品种、生产性能、性别、健康都有直接的关联。我们关注家禽的外貌，不是因为它漂亮、好看，而是在家禽生产中，通常可以根据外貌特征识别品种，辨别健康，判断生产性能，为遗传育种服务，及早进行性别鉴定。一般家禽全身覆盖羽毛，头小眼大无牙齿，视叶与小脑发达，有气室，前肢演化为翼，胸肌与后肢肌肉发达，有嗉囊和肌胃，具有泄殖腔，但无膀胱，肺小而有气囊，靠肋骨与胸骨的运动呼吸，横膈膜只剩痕迹，雌性仅左侧卵巢和输卵管发育，产卵而无乳腺，雄性睾丸位于体腔内。

一、鸡的外貌

鸡的外貌部位名称见图 2-1。

1. 头部　头部形态和发育程度反映品种、性别、生产力和体质状况。

（1）冠　皮肤衍生物，富有血管，一般呈红色。其发育程度与性腺发育状态及光照强度都有关系，且雄性比雌性发达，可作为选种依据。

冠型是品种的重要特征。冠型有单冠、豆冠、玫瑰冠、草莓冠、卧蚕冠、杯状冠、樱头冠，单冠为最常见的冠型。

（2）喙　皮肤衍生物，用于啄食与自卫。喙的颜色有多种，包括黄、青、黑等，一般与胫色一致，有品种差别。健壮鸡喙短粗，稍微向下弯曲。

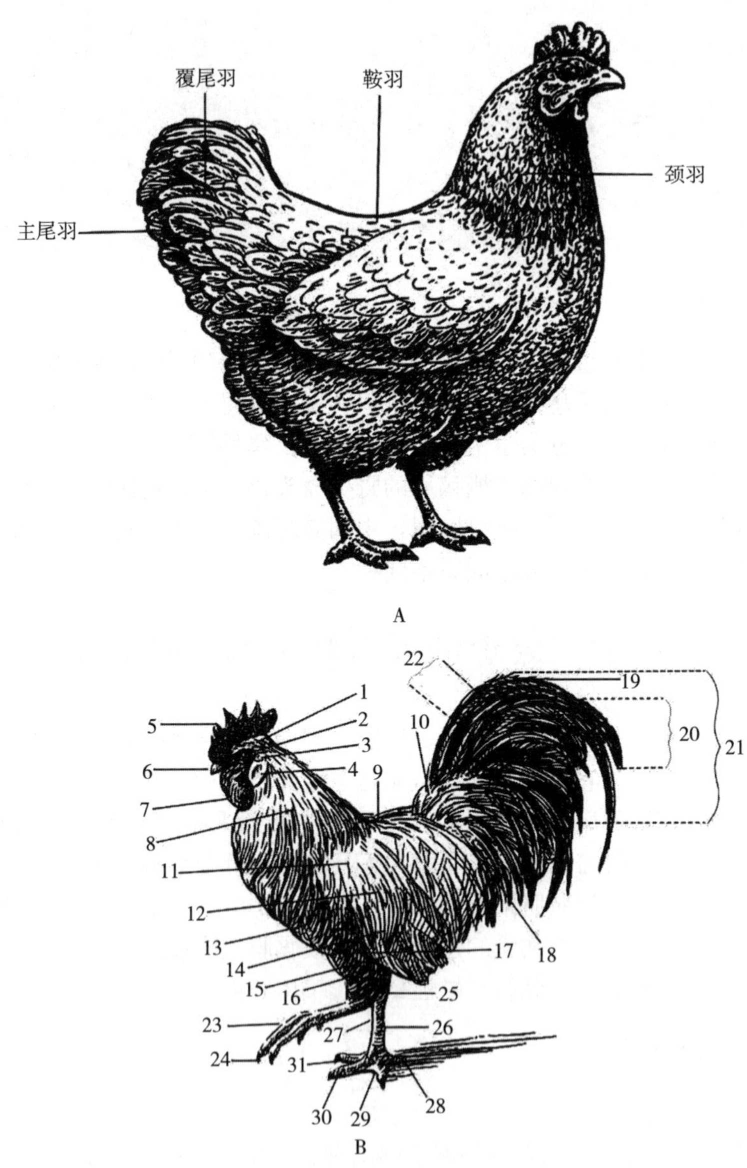

图 2-1　鸡的外貌部位

A. 母鸡的外貌部位　B. 公鸡的外貌部位

1. 头　2. 眼　3. 耳　4. 耳叶　5. 冠　6. 喙　7. 肉垂　8. 梳羽　9. 背部　10. 鞍部　11. 肩　12. 翼　13. 胸部　14. 副翼羽　15. 主翼羽　16. 小腿　17. 腹部　18. 蓑羽　19. 大镰羽　20. 小镰羽　21. 主尾羽　22. 覆尾羽　23. 脚　24. 爪　25. 踝关节　26. 距　27. 跖　28. 第一趾（后趾）　29. 第二趾（内趾）　30. 第三趾（中趾）　31. 第四趾（外趾）

（3）脸　蛋用鸡的脸清秀，一般呈鲜红色。强健鸡脸色红润无皱纹。

（4）眼 健康鸡眼圆大有神且反应灵敏。

（5）耳叶 椭圆形或圆形，有皱褶，常为红、白色。

（6）肉垂 又称肉髯，颌下皮肤衍生物，成对出现，大小相称，颜色鲜红。

（7）胡须 胡为脸颊两侧羽毛，须为颌下羽毛。

2. 颈部 由13～14节颈椎构成。肉鸡较粗短，蛋鸡较细长。一般颈部羽毛具有第二性征，这是性激素作用的结果。

3. 体躯 包括下列几个部位：

（1）胸部 心脏与肺所在的部位，深而广表示强健。胸围大而稍向前突出，胸骨长而直，肉用鸡的胸肌应发达。

（2）背部 宽而直。

（3）腹部 容纳消化器官与生殖器官，应有广大容积。

（4）鞍部 母鸡鞍部需丰满而广阔，可表示腹部容积大，否则便是低产的象征。

4. 四肢

（1）前肢 发育成翼，翼羽发达，适于飞翔。

（2）后肢

①腿 长短因品种而异，蛋鸡较长，肉鸡较短，蛋用母鸡两腿的间距宜宽。

②胫、距、趾和爪 跖骨上有鳞片，为皮肤衍生物，随年龄增加而逐渐角质化，可鉴定年龄。有的胫部生有羽毛，称为胫羽。胫的最下部生有四趾或五趾。趾端的角质物称为爪。公鸡的胫部内侧有角质突出物称为距，约6月龄后发生，距随着年龄的增长而增长，故观察距的长短，可鉴定公鸡年龄的大小。

二、鸭的外貌

鸭的外貌部位名称见图2-2。

（1）头部 鸭头大、无冠、无肉垂、无耳叶，脸上覆有羽毛。喙长而扁平，喙缘两侧呈锯齿形，上喙有一豆状突出称为喙豆。喙的颜色为品种特征之一，不同品种有不同的颜色。

（2）颈部 鸭无嗉囊，食管呈袋状，称食管膨大部。一般母鸭颈较细，公鸭颈较粗。蛋鸭颈较细，肉鸭颈粗。

（3）体躯 蛋鸭体形较小，体躯细长，胸部前挺提起，状似斜立。肉鸭体躯肥大、呈砖块形。

（4）四肢 前肢主翼羽尖狭而短小，有色羽的副翼羽上有翠绿色羽斑，称镜羽。后肢胫部较短，除第一趾外，趾间有蹼，便于游水。

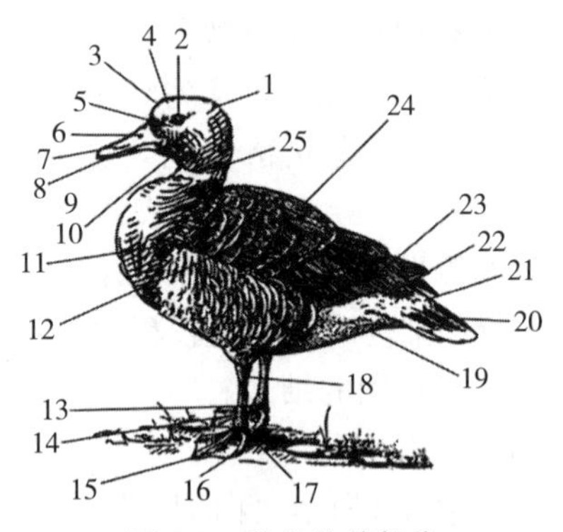

图 2-2　鸭的外貌部位

1. 头　2. 眼　3. 前额　4. 面部　5. 颊部　6. 鼻孔　7. 喙　8. 喙豆　9. 下腭　10. 耳　11. 胸部　12. 主翼羽　13. 内趾　14. 中趾　15. 蹼　16. 外趾　17. 后趾　18. 跖　19. 下尾羽　20. 尾羽　21. 上尾羽　22. 性羽　23. 尾羽　24. 副翼羽　25. 颈部

三、鹅的外貌

鹅的外貌部位名称见图 2-3。

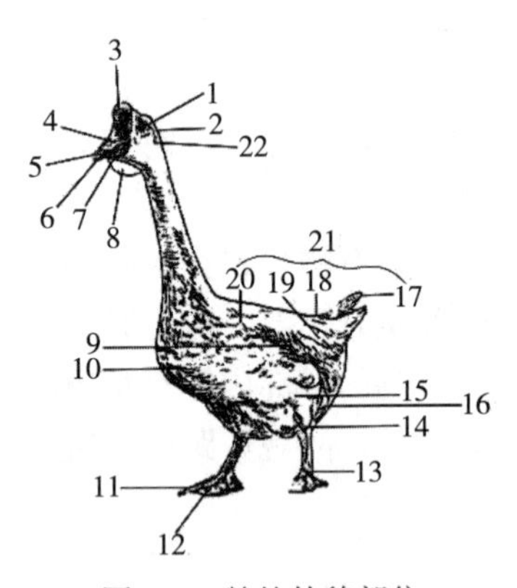

图 2-3　鹅的外貌部位

1. 眼　2. 头　3. 肉瘤　4. 鼻孔　5. 喙豆　6. 喙　7. 下腭　8. 肉垂　9. 翼　10. 胸部　11. 蹼　12. 趾　13. 跖　14. 跗关节　15. 腿　16. 腹部　17. 尾羽　18. 覆尾羽　19. 翼羽　20. 肩部　21. 背部　22. 耳

（1）头部　鹅头比其他家禽的头大，前额高大是鹅的主要特征。鹅头部无冠、肉垂、耳叶。我国鹅种绝大多数是由鸿雁驯化而来，在喙基部头顶上方长有肉瘤，俗称鹅包，颌下有垂皮，俗称咽袋，都与性别有关，公鹅较发达。由灰雁驯化而来的国外品种和新疆伊犁鹅，没有肉瘤也没有咽袋。

（2）颈部　中国鹅颈部较长，微弯，呈弓形，欧洲鹅颈直，较粗短。

（3）体躯　中国鹅前躯提起，腹部下垂，欧洲鹅前躯与地面平行，后躯不发达。成年母鹅腹部皮肤形成肉袋，俗称蛋窝，成年公鹅无蛋窝。

（4）四肢　鹅腿粗壮有力，胫骨较短，跖的颜色分橘红色和黑色两类。

四、其他禽类的外貌

1. 火鸡　头颈无羽，有珊瑚状皮瘤，公火鸡胸前有须羽一束，尾羽发达，能展开，母鸡无须羽和距。

2. 鹌鹑　中国、朝鲜、日本、美国等国家饲养的鹌鹑普遍为日本鹌鹑，原产于我国东北。

3. 鸽子　分为肉鸽、信鸽、玩赏鸽。

（1）雄鸽　在同年龄的鸽群中，雄鸽通常体形更壮硕，头部较大，鼻形大而宽。颈粗壮稍显梗态，颈部羽毛光泽感较强。因习惯抬头挺胸，感觉胸部挺拔。全身骨骼粗壮，龙骨长，耻骨（俗称“蛋门”）间距窄，末端较尖。尾羽端常有污秽（经常抬起前胸致使尾羽着地弄脏），脚胫粗圆而壮。

（2）雌鸽　体形相对纤小，头部较小而圆，鼻瘤稍小，颈细软，颈羽金属光泽感不甚强。前胸较窄，龙骨短而直，腹部显得更长，耻骨间距宽，末端较圆。尾羽端比较洁净，脚胫稍细而微扁。

五、家禽的体尺测量

（1）体斜长　用皮尺沿体表测量肩关节到坐骨结节间的距离（cm）。

（2）胸宽　用卡尺测量两肩关节之间的体表距离（cm）。

（3）胸深　用卡尺测量第一胸椎到龙骨前缘的距离（cm）。

（4）胸角　家禽仰卧在桌上，用胸角器两脚放在胸骨前端，即可读出所显示的角度，可反映肉禽胸肌发育的情况。90°以上为理想。

（5）胸骨长　用皮尺测量胸骨前后两端间的距离（cm）。

（6）骨盆宽　用卡尺测量两髋骨结节间的距离（cm）。

（7）跖长（胫长）　用卡尺测量胫部上关节到第三、四趾间的直线距离（cm），是衡量生长发育的重要指标。

（8）胫围　用皮尺测量胫骨中部的周长（cm）。

（9）半潜水长　用皮尺测量从嘴尖到髋骨连线中点的距离（cm）。

（10）颈长　用皮尺测量第一颈椎到颈根部的距离（cm）。

第二节　家禽的生理特点

一、家禽的生理特点

（一）新陈代谢旺盛

鸟类生长迅速，繁殖力强，新陈代谢旺盛。

1. 体温高　成年家禽的正常体温一般为40～44℃，其中鸡为41.5℃，比哺乳动物高5℃左右。体温因品种、年龄、温度而略有差异，一般蛋鸡体温高于肉鸡。一天中的体温，中午最高、午夜最低，存在明显的昼夜节律。

2. 心率高、血液循环快

（1）心率　禽类心率范围为160～470次/min，见表2-1。

表2-1　几种家禽的心率

种类	时间	性别	平均心率（次/min）
鸡	出壳	—	560
	7周龄	公/母	422/435
	13周龄	公/母	361/391
	22周龄	公/母/阉	302/357/350
	成年	公/母	286/312
鸭	4月龄	公/母	194/190
	12～13月龄	公/母	189/175
鹅	成年	—	200
鸽	成年	公/母	202/208

此外，心率除了因品种、性别、年龄的不同而有差别外，同时还受环境的影响，如气温升高、惊扰、噪声等都会使心率增高，严重者可因心力衰竭而死。

（2）循环快　相对于体重而言，家禽的心脏较大，且循环速度快。

3. 呼吸频率高

（1）范围　禽类呼吸频率随品种和性别的不同而不同，一般为22～110次/min，雌性高于雄性，鸡的呼吸频率为40～50次/min。

（2）影响因素　受气温影响大，当环境温度达43℃时，其呼吸频率可高达155次/min，以水蒸气形式散发体热，受惊吓时呼吸频率会加快。

另外，禽类单位体重需氧量和二氧化碳排出量均为大家畜的2倍，因此，禽类对通风换气、环境条件等也有较高的要求。

（二）体温调节机能不完善

家禽与其他恒温动物一样，依靠产热、隔热、散热来调节体温。由于家禽皮肤没有汗腺，又有羽毛紧密覆盖而构成非常有效的保温层，因而当气温高至26.6℃以上时，辐射、传导、对流的散热方式受到限制，而必须靠呼吸排出水蒸气来散热以调节体温。随着气温的升高，呼吸散热则更为明显。一般鸡在5～30℃的范围内，调节机能健全，体温基本上能保持不变。但当温度升高至

42～42.5℃时，鸡表现为张嘴喘气、翅膀下垂、咽喉颤动，这种情况若不能改善，就会影响生长发育和生产。

（三）繁殖潜力大

雌性家禽虽然仅左侧卵巢与输卵管发育完善，具有生殖功能，但繁殖能力很强，高产蛋鸡和蛋鸭年产蛋可以达到300枚以上。肉眼观察家禽卵巢上有很多卵泡，在显微镜下则可见到上万个卵泡。每枚蛋就是一个巨大的卵细胞。这些蛋经过孵化如果有70%成为雏鸡，则每只母鸡一年可以获得200多个后代。

雄性家禽的繁殖能力也是很突出的，根据观察，一只精力旺盛的公鸡，一天可以交配40次以上，每天交配10次左右很正常。1只公鸡配10～15只母鸡可以获得高受精率，配30～40只母鸡受精率也不低。家禽的精子不像哺乳动物的精子容易衰老死亡，一般在母鸡输卵管内可以存活5～10d，个别可以存活30d以上。

禽类要飞翔需减轻体重，因而繁殖表现为卵生，胚胎在体外发育。可以用人工孵化法来进行大量繁殖。种蛋被排出体外，由于温度下降胚胎发育停止，但在适宜温度（15～18℃）下可以贮存10d，长者达到20d，仍可孵出雏禽。因此可利用其繁殖潜力大的优点，实行人工孵化。

（四）敏感性强

（1）家禽对药物敏感　家禽对抗胆碱酯酶药物（如有机磷）非常敏感，容易中毒，因此家禽一般不能用敌百虫作驱虫药内服。家禽对氯化钠较为敏感，饲料中超过0.5%，易引起不良反应，小鸡饮用0.9%的食盐水，可在5d内致小鸡100%死亡。

（2）家禽对异常声响敏感　陌生人或飞鸟等入舍，极易造成“惊群”或“炸群”，密度大时会出现扎堆压伤、压死。另外，在自然地震之前，鸡的反应最为强烈。因此，鸡舍选址要避开闹市、交通要道，管理上要杜绝飞鸟鼠类，禁止无关人员进出。

（3）家禽对光照敏感　光照对鸡的生长发育和产蛋性能有很大影响，应制定合理的光照制度，一经制定不宜随意改动。

（4）家禽对温度敏感　环境温度的变化会直接影响鸡的生产性能。产蛋鸡的适宜环境温度一般为13～25℃。

二、家禽的解剖特点

（一）骨骼与肌肉

1. 骨骼　是机体运动的结构基础，并支撑身体、保护脏器。

（1）特点　家禽骨骼致密、坚实、重量轻。家禽前肢形成翼，指骨与掌骨退化，为飞翔工具。鸡骨融合较多，其颈椎数量多（13～14枚），呈“乙”

状，能自由活动，而脊柱的其他部分则不能运动，为飞翔提供结构基础。锁骨、肩胛骨与乌喙骨结合在一起构成牢固的肩带，第7胸椎与腰椎融合。肋骨分成两段，7对肋骨中，除第1、2对及第7对外，其余各对均由椎肋与胸肋构成，以一定的角度结合，并有钩状突伸向后方，利于胸腔充气扩大。耻骨开张为生殖提供有利条件。耻骨间距常作为产蛋性能的标志。鸡的部分骨骼中充满空气，且与呼吸系统相通，这是鸟类适应飞翔需要而留下的痕迹，如部分椎骨、颅骨、肱骨、胸骨和锁骨。髓质骨是母禽产前10d左右，在其长骨（股骨、胫骨、胸骨、肋骨、肩胛骨等）的骨髓腔里，会长出一些类似海绵状的相互交接的小骨针（也称“骨片”，某些低等动物体内呈针状或其他形状的小骨）来，功能是贮存钙盐，是产蛋母鸡的补充钙源。

骨针含有成骨细胞和破骨细胞，在产蛋期间，骨针的长度不断变化。蛋壳形成过程中所需的钙有60%～75%由肠道直接吸收供应，其余由髓质骨中的钙补充。当不形成蛋壳时，肠道吸收的钙就暂存于髓质骨中。若日粮缺钙，首先动用髓质骨中的钙，再动用皮质骨中的钙，久之出现骨质疏松，甚至瘫痪。性成熟的小母鸡出现此骨型比例为12%，开产前10d左右开始出现。这种骨型的出现与雌激素水平有关。

（2）骨骼异常　龙骨一般是挺直的，龙骨弯曲是由栖木或垫料不规则所致，不影响产蛋，但对公禽的交配有一定的影响。缺维生素D_3或钙、磷比例失调易致幼禽佝偻病（又称软骨病），表现为骨质钙化不全、柔软、关节肿大、运动困难。日粮钙水平不足或钙磷比例不当会导致缺乏活动及长期产蛋的笼养鸡的疲劳综合征，表现为骨质疏松，不能直立，腿易骨折，断翅，严重者会影响产蛋甚至致死。

2. 肌肉

（1）胸肌与腿肌发达　胸肌分布广，特别发达，以适应飞翔。胸肌占躯体肌肉量的50%，重约为体重的1/12。腿上部肌肉也发达，以供站立和行走。

（2）组成　禽类的肌肉由红肌纤维和白肌纤维组成。红肌纤维的血管较丰富，肌纤维含肌红蛋白、线粒体较多。红肌纤维收缩持续时间长，幅度较小，不容易疲劳。白肌纤维收缩快且有力，但较容易疲劳。鸡腿部的肌肉含较多的红肌纤维，故颜色较深，而胸肌主要由白肌纤维构成，故颜色淡白。

（3）栖肌　位于大腿前内侧，下蹲时牢固抓紧栖架。睡眠时不跌落。

（二）消化系统

鸡的消化系统由口腔、食管、嗉囊、胃、肠道、泄殖腔和与消化相关的胰腺、肝脏等组成。

1. 口腔　禽口腔结构简单，无唇齿，有坚硬的喙，味觉不发达。陆禽呈圆锥形，水禽呈扁平形。其唾液腺不发达，含少量淀粉酶，消化作用不大，主要起润湿作用。

2. 食管与嗉囊　食管易于扩张（黏膜形成很多皱褶）。嗉囊是食管在刚要进入胸腔之前形成的，位于颈部右侧。主要功能是软化和贮存食物。

3. 胃　分前后两部分，前部为腺胃，后部为肌胃。

（1）腺胃　主要分泌胃液（含蛋白酶和 HCl），用于消化蛋白质，有乳头，食物停留时间很短。

（2）肌胃　又称砂囊，由强大的肌肉组成，内有黄色角质膜（中药鸡内金），借以磨碎食物。

4. 肠道　包括小肠和大肠，全长为体长的 5～6 倍。

（1）小肠　十二指肠、空肠、回肠，分泌肠液，也是胆管、胰管的开口处，主要的消化、吸收部位。十二指肠与肌胃相连，具有 U 形弯曲的特征，将胰腺夹在中间。空、回肠以其中间的“卵黄囊痕迹”（米粒大小的小肉瘤）作为分界。

（2）大肠　包括一对盲肠和一段短的直肠。在小肠末端两侧各有一盲袋，为盲肠。入口处有盲肠扁桃体。饲料经小肠消化吸收后进入直肠，通过直肠的蠕动，6%～10%内容物进入盲肠。鹅的盲肠发达。盲肠经微生物发酵可消化粗纤维，合成维生素 K。盲肠内容物单独排泄，每排粪 8～10 次可能有一次盲肠粪，其含水量多，黏臭。患球虫病时，盲肠内充血，排血粪。鸡的直肠很短，无消化作用，仅吸收水分。

5. 泄殖腔　排泄、生殖的共同腔道。被两个环形褶分为三部分。在肛道背侧还有一个开口，通一梨状盲囊，称为腔上囊，也称法氏囊。

6. 胰腺　由十二指肠所包围，为长形淡红色的腺体，分泌胰液，包含淀粉酶、脂肪酶、胰蛋白酶。

7. 肝脏　鸡肝脏大，成鸡肝约 50g，位于心脏腹侧后方，与腺胃和脾脏相邻，分左右两叶，右叶有胆囊大于左叶。右叶可贮存胆汁，胆汁通过胆管流入十二指肠，起乳化脂肪和激活胰脂肪酶的作用。肝脏一般呈暗褐色，刚出壳时呈黄色，2 周龄后转为暗褐色。

因为家禽的消化道短，饲料通过消化道的时间快于家畜，且随食物软硬程度及生产状况而变。粉料通过消化道的时间不同，其中雏鸡和产蛋鸡约为 4h，休产鸡为 8h，抱窝鸡为 12h。同时饲料中粗纤维含量不易过高。

（三）呼吸系统

鸡的呼吸系统由鼻腔、喉、气管、肺、气囊等组成。

1. 发音器官　禽无甲状软骨，亦无声带，仅在气管分支处有鸣管或鼓室。公母鸡的鸣管无结构差别。鼓室是雄性鸭鹅才有，位于左支气管处，因此，公母叫声不同。

2. 气管 三级支气管不仅自身相通，同时也沟通次级支气管，故禽类不形成哺乳动物的支气管树，而成为气体循环相通的气道。三级支气管连同周围的肺房和呼吸毛细管共同形成家禽肺脏的单位结构，称肺小叶。

3. 气囊 打开胸腹腔时，可在内脏器官上见到一种透明的薄膜，即气囊。贮存空气的膜质囊，一端与初、次级支气管相连，另一端与四肢骨骼及其他骨骼相通，共9个。其中锁骨间气囊1个，颈气囊2个，前胸气囊2个，后胸气囊2个，腹气囊2个。气囊壁由单层扁平上皮组成，无血管，不能进行气体交换。

气囊可以贮存空气，全部气囊比肺容纳的气体要多5～7倍。禽类有发达的气囊系统与肺相通，气囊壁薄且富有弹性，易随呼吸扩大或缩小，使新鲜空气在呼气和吸气时两次通过肺，增加了空气的利用率。同时，气囊充满空气，利于飞翔或漂浮。

（四）循环系统

1. 血液循环系统

（1）心脏 禽类心脏较大，相当于体重的0.4%～0.8%，而大家畜仅为0.15%～0.17%。

（2）血液 雏鸡血液占体重的5%，成年鸡血液占体重的9%。红细胞呈卵圆形，有核，体积较哺乳动物红细胞大。禽类血浆蛋白含量较哺乳动物低。产蛋禽的血钙较雄性及未成熟雌性高2～3倍。尿素含量很低而尿酸含量较高，是由于家禽的肝脏没有精氨酸酶和氨甲酰磷酸合成酶，因此，家禽不能通过鸟氨酸循环利用氨合成尿素，只能在肝脏和肾脏将其合成嘌呤，在黄嘌呤氧化酶的作用下再转变成尿酸。

（3）脾脏 位于腺胃和肌胃交界处的右侧，红棕色，鸡脾呈卵圆形或圆形，鸭脾呈三角形。直径1.5cm左右。应激与疾病时脾脏大小会发生变化。公鸡脾重约4.5g，母鸡脾重约3g。主要作用是造血、滤血，参与免疫反应。

2. 淋巴系统

（1）淋巴结 禽无真正的淋巴结，在淋巴管上有微小淋巴结，在消化道壁上有集合淋巴小结，如盲肠扁桃体，位于盲肠膨大处，是抗体的重要来源，起局部免疫作用。水禽有两对真正的淋巴结，即颈胸淋巴结（位于甲状腺旁，呈长纺锤形）和腰淋巴结（位于肾脏附近，呈长形）。

（2）胸腺 位于颈部两侧，从颈前部到胸前部分别沿两条静脉延伸，呈不规则的串状小叶。接近性成熟时最大，以后逐渐缩小，成年时仅留下痕迹。对抵抗疾病、缓冲应激有一定作用。

（3）腔上囊（法氏囊）　禽类特有，位于泄殖腔背侧。负责循环系统中抗体的产生，是抵抗微生物入侵的主要器官。法氏囊发炎时，可使免疫力下降，并使很多免疫接种无效。鸡的腔上囊为梨形盲囊，或球形，在4～5月龄时最大，长3cm，宽2cm，厚1cm，重3g，性成熟后开始退化。应激与疾病时，出现变化。水禽的为长囊状，或椭圆形，鸭的腔上囊在3～4月龄时最大，开始退化的时间较鸡晚，退化速度也较鸡慢。10月龄时完全消失。

（五）泌尿系统

鸡的泌尿系统由肾脏和输尿管组成。输尿管末端无膀胱，直接开口于泄殖腔。尿液进入泄殖腔后，水分被重吸收，留下灰白色浆糊状的尿酸和部分尿液与粪便一起排出体外。肾脏分前中后三叶，嵌于脊柱和髂骨形成的陷窝内，质软而脆，暗褐色。尿酸盐过量沉积时，呈白色条纹状结构。肾脏用来排泄废物，维持体内一定的水分、盐类和酸碱度平衡。

（六）内分泌系统

内分泌系统由许多内分泌腺组成，如脑垂体、甲状腺、甲状旁腺、肾上腺、胰岛、性腺等。内分泌腺的分泌物称激素，激素在血液中含量很少，但对于鸡的新陈代谢、生长发育、生殖等生理机能具有重要调节作用。

1. 脑垂体　位于脑底部，包括前叶和后叶两部分。

（1）垂体前叶分泌的激素及功能

生长激素：促进鸡的生长发育。

促甲状腺素：促进甲状腺的生长发育，促进甲状腺素的合成与分泌。

促肾上腺皮质激素：调节肾上腺皮质的功能与发育。

促性腺激素：促进母鸡卵巢的生长发育，促进卵泡的成熟和排卵；促进公鸡睾丸内曲细精管生殖上皮的发育和雄激素的分泌。

催乳激素：促使鸡抱窝和换羽。

（2）垂体后叶分泌的激素及功能

催产素：刺激输卵管平滑肌收缩，促进排卵，促进子宫收缩引起产蛋。

加压素：具有升高血压、减少尿分泌的作用。

2. 甲状腺　位于胸腔入口附近，气管两侧，左右各一，呈暗红色、椭圆形。甲状腺分泌的甲状腺素能促进鸡的新陈代谢和生长发育。甲状腺的分泌量与鸡换羽有密切关系，给予大剂量的甲状腺素可引起鸡的换羽。

3. 甲状旁腺　为两对小的黄色腺体，位于甲状腺之后。其功能为分泌甲状旁腺素，能调节钙、磷代谢，维持血钙和血磷浓度的相对稳定。

4. 肾上腺　位于两肾前端，左右各一，呈乳白色至橙黄色，由皮质和髓质组成。肾上腺皮质主要分泌糖皮质激素，调节糖和脂肪代谢。肾上腺髓质分泌肾上腺素和去甲肾上腺素，具有增强心血管系统活动、舒张内脏平滑肌的作用。

5. 胰岛 胰岛是散在胰腺中大小不等的细胞群，分泌胰岛素和胰高血糖素，调节体内血糖的平衡。

6. 性腺 指公鸡的睾丸和母鸡的卵巢。睾丸分泌雄激素，卵巢分泌雌激素和孕酮。雄激素能促进公鸡生殖器官的发育，促进精子的成熟和第二性征的出现。雌激素促进母鸡生殖器官的发育和第二性征的出现。孕酮能促进鸡的排卵。

（七）神经系统

神经系统是指挥和协调机体生命活动的中心，通过各种反射活动，使机体各部分生理功能与外界环境相适应。鸡的神经系统由脑、脊髓和外周神经组成。

1. 脑、脊髓 鸡的脑不如哺乳动物发达，脑干部没有明显的脑桥，中脑顶盖形成一对发达的二叠体（视叶），小脑只有一发达的小脑蚓部，大脑皮层很薄，表面光滑，联结两侧大脑半球的胼胝体也不发达。鸡的脊髓较长，一直延伸到尾部，但不形成马尾。

2. 外周神经 外周神经由脑神经、脊神经和植物性神经组成。脑神经与脑相连，脊神经与脊髓相连，植物性神经与脑、脊髓相连。脑神经和脊神经分布于体表和骨骼肌，植物性神经分布于平滑肌、心肌和腺体。植物性神经又分为交感神经和副交感神经，大部分内脏器官受交感神经和副交感神经的双重支配，这两种神经对同一内脏器官的调节作用是相反的，但又是相互协调统一的。

（八）皮肤和羽毛

1. 皮肤 家禽皮肤由表皮和真皮组成，没有汗腺和皮脂腺，尾部有一对尾脂腺。鸡的主要散热方式是通过呼吸带出水蒸气散热，当这种方式不能达到降温需要时，鸡就容易中暑，甚至死亡。水禽尾脂腺特别发达，起到润滑皮肤与羽毛和防水作用。鸡的皮肤颜色主要有黄、白、黑 3 种，如来航鸡的皮肤是黄色的，澳洲黑鸡的皮肤是白色的，而乌骨鸡的皮肤是黑色的。肤色与经济价值有关，如快大鸡、乌鸡、三黄鸡。现代养鸡业多选用黄肤鸡，黄色深浅与日粮叶黄素含量有关。

2. 羽毛 羽毛结构可以按照公母来分，母鸡：颈羽、鞍羽、尾羽，其羽状圆而短。公鸡：梳羽、蓑羽、镰羽，其羽状尖而长。羽毛按结构分为三类：正羽、绒羽、毛羽。

正羽：有羽轴和羽片。

绒羽：有羽轴，羽毛较小，羽支柔软，不形成羽片，保温作用较好。

毛羽：没有羽轴、羽片之分，具有一条细而长的羽杆。

羽毛更换：从出壳到成年，家禽要经过3次更换。雏禽出雏时全身被绒羽所覆盖，绒羽在出壳后不久即开始脱换，由正羽代替绒羽。此时的正羽称幼羽，脱换顺序为：翅→尾→胸腹→头。通常在6周龄左右换齐，仅有少数幼羽存留。6～13周龄2次更换，称青年羽。由13周龄到开产前再更换一次，称成年羽。性成熟时羽毛丰满有光泽。更换为成年羽后，从第2年开始，每年秋冬季都要更换一次。换羽时需要大量营养，鸡即停止产蛋。从开始产蛋到第2年换羽停止产蛋为止，称为一个生物学产蛋年。生物学产蛋年的时间并不固定，而是随品种、个体的不同而异。开产早、换羽迟的鸡，生物学产蛋年就长，有可能远远超过365d。相反，开产迟、换羽早的鸡，生物学产蛋年就短，有的还不到300d。因此，如果一个品种的生物学产蛋年时间长，一般说来是高产鸡，否则就是低产鸡。由于禽类羽毛质量占活体空腹重的4%～9%，因此，禽类羽毛的年度更换会给禽类造成很大的生理消耗，故换羽时应注意日粮营养。

（九）感觉器官

1. 视觉 鸡眼较大，位于头部两侧，视野宽广，能迅速识别目标，但对颜色的区别能力较差，鸡对红、黄、绿等颜色的光敏感。

案例：某蛋鸡场将灰色卷帘布改为蓝色卷帘布，结果引起鸡群产蛋下降5.1%，且软壳蛋增多。鸡群鸣叫不安，惊恐跳跃，部分鸡跳出笼门。

补救措施：立即将卷帘布内侧喷以蓝黑墨水稀释液，使其颜色与原来卷帘布颜色相近。饮水中添加电解多维，连续饮用一周，7d后鸡群恢复正常。

2. 听觉 禽无耳郭，但听觉发达，饲养管理上要求安静。

案例：某鸡场，邻居敲锣打鼓办丧事，400只38d肉鸡死了24只。

表现：鸡群东奔西窜、呆立、昏迷，甚至死亡，部分鸡肝脏破裂，腹腔淤血。

补救措施：饮水中加入维生素C和碳酸氢钠。加抗菌药物，防止继发感染。保持环境的安静，避免噪声。

3. 味觉 过去认为禽的味觉不发达，而今有研究证明，家禽具有灵敏的味觉，能辨别酸、甜、苦、咸等不同味道，但个体间差异很大，有的鸡系“盲味”。现在肉鸡饲养上也采用各种调味剂以提高食欲。鸡偏爱5%的糖水，拒饮浓度＞0.9%的盐水，拒饮水温高于10℃的水。

4. 嗅觉 禽有嗅觉受体，但嗅觉较差，需要通过流动空气将气味传递到受体，因此在一定程度上可以辨别香味。鸽与鹅的嗅觉好于鸡和鸭。

三、家禽的生殖特征

鸡的卵生、胚胎发育主要在体外完成。精子在母鸡体内长期存活并能保持受精能力。雌性家禽只有左侧生殖系统发育完全。雄性家禽仅有退化的交媾器，缺乏副性腺。性染色体与哺乳动物相反，即雄性同型（ZZ）、雌性异型（ZW）。具有孤雌生殖现象。

孤雌生殖是指动物的卵子不经受精而可以直接发育成子代的一种特殊的单性生殖方式。所有种类的真菌、大多数植物和许多动物（包括蜥蜴、蜜蜂、珊瑚虫、部分鸟类和鱼类）都是通过孤雌生殖来“传宗接代”。

（一）雄性家禽的生殖生理

公鸡生殖系统由睾丸、附睾、输精管和交媾器组成。

1. 睾丸 呈豆形，乳白色，由睾丸系膜悬挂于脊柱两侧。由精细管和睾丸间质组成。形成精子，分泌雄性激素的器官。雄性激素是由促黄体素（LH）刺激睾丸间质细胞产生的，作用是维持第二性征，刺激鸡冠的生长，使羽色鲜艳。

2. 附睾 包括输出小管、附睾小管、附睾管，是精子的通道、部分精子成熟的场所。

3. 输精管 极弯曲的管道，沿肾脏内侧与输尿管同行，在输精管末端形成一个膨大部（贮存精子），最后形成输精管乳头，突出于泄殖腔腹外侧。是贮存精子的场所。

4. 交媾器 由脉管体、淋巴壁、交接器组成。鸡的交媾器只有退化的生殖突起。鸭鹅交媾器由两条纤维淋巴体组成。

（二）雌性家禽的生殖生理

母禽的生殖器官由卵巢和输卵管组成，仅左侧发育完善，右侧只留残迹，故生殖系统由一侧卵巢和输卵管组成。禽是卵生动物，胚胎发育主要在体外完成孵化。孵化第7～9天就退化。

1. 卵巢的结构和功能 卵巢由皮质和髓质组成，皮质中含有许多发育不同程度的卵泡，髓质中含有结缔组织、血管、神经和间质细胞。卵巢被系膜悬挂于腹腔左边背侧，位于肺与肾之间，依靠腹膜褶与输卵管相连接。性成熟时卵巢增大，呈葡萄串状，上面有许多大大小小发育不同的白色和黄色的卵泡，卵泡仅以卵泡柄与卵巢相连。卵巢的功能是产生卵子，并使之成熟；分泌雌激素、少量雄激素和孕酮。产蛋母鸡卵巢重40～60g，休产鸡的重4～6g。

（1）卵泡 由卵母细胞和颗粒细胞组成，借助卵泡柄与卵巢连接，卵泡膜上有一卵泡带，为破裂排卵处。有初级卵泡、生长卵泡、成熟卵泡。

（2）胚珠　未受精的卵子在蛋形成过程中，不再分裂，位于蛋黄表面有一小白点，直径 1mm 左右。

（3）胚盘　受精卵在蛋形成过程中，经过分裂，形成中央透明、周围暗的盘状结构，直径 3mm 左右。

2. 输卵管　是一条弯曲长管，有弹性，管壁血管丰富，富有分泌腺，前端开口于卵巢下方，后端开口于泄殖腔，由韧带悬固；是一个不成对的多功能器官，多功能主要体现在卵细胞受精、胚胎早期发育和蛋的形成 3 个方面。

母鸡出生后输卵管的整个发育过程分为 5 个阶段，分别是发育停滞阶段（D1）、细胞增殖前期（D2）、细胞增殖后期（D3）、细胞分化前期（D4）、产蛋期（L），这 5 个阶段在研究群体中分别对应的周龄为 7 周龄、13 周龄、16 周龄、17 周龄和 20 周龄。

输卵管根据其构造和功能，可顺次分为漏斗部、膨大部、峡部、子宫部和阴道部。

（1）漏斗部（喇叭部）　功能主要是接纳卵子，等待受精。性成熟的母鸡漏斗部长度为 3～9cm，蛋黄在此停留仅 15min，然后经输卵管蠕动而下行。输卵管起始部分形如漏斗，产蛋期漏斗部很薄，形成喇叭部，称输卵管伞。往下与膨大部相接，在相接处有一管腺，称为“精子窝”，贮存精子。卵子在漏斗部等待与精子结合。

（2）膨大部（蛋白分泌部）　功能主要是分泌蛋白。一般母鸡膨大部长 30～50cm，形成的蛋在该部通过约 3h。该部与漏斗部有明显区别，黏膜皱褶突然增大、弯曲，管壁密布管腺。腺细胞含有丰富的黏液。管腺有管状腺和单细胞腺两种，管状腺分泌稀蛋白，单细胞腺分泌浓蛋白。接近峡部时，管腺明显减少。非产蛋期，蛋白分泌停止。

（3）峡部（管腰部）　功能主要是形成蛋壳膜。通常母鸡峡部长 10cm，蛋通过这部分的时间是 80min 左右。与膨大部的区别标志是有一个宽 0.5～1.0cm 的半透明带。峡部短而狭窄，管腺细胞少，黏膜皱褶少。分泌形成内外蛋壳膜的物质。

（4）子宫部（蛋壳腺）　功能主要是形成蛋壳、壳上胶护膜，与蛋壳颜色形成有关。一般产蛋鸡子宫长 10～12cm，形成的蛋在此停留 18～20h。形成膨大的囊状组织，管壁厚，肌肉发达，黏膜上有明显的纵横皱褶，蛋在此处停留时间最长，形成蛋壳。

（5）阴道部　功能主要是贮存精子以及产蛋。产蛋鸡阴道长 8～10cm，蛋在此仅停留几分钟。阴道部位于子宫部和泄殖腔之间，壁厚管窄，其黏膜皱褶形成腺状的小窝，称为“贮精腺”。阴道口最后开口于泄殖腔背壁的左侧。阴道对蛋的形成不起作用，蛋产出时，阴道自泄殖腔翻出，不经过泄殖腔。交配时，阴道同样翻出接受公禽射出的精液。

3. 右侧输卵管的异常发育 右侧输卵管的异常发育有两种现象：一是两侧输卵管同时发育，自然界有发生。二是出现性逆转现象，母鸡变为公鸡。性逆转的动物主要是因为体内既有雄性生殖器官又有雌性生殖器官，只是一般会表现出一种，而某些时候，被抑制的另一个器官被激发，就会显示另一种性别，在动物中有时会发生雌雄个体的相互转化，生物学上将此称为性逆转现象。例如，公鸡下蛋，母鸡打鸣，都是性逆转现象。性逆转在人类也偶有发生。鸟类在自然或实验的条件下也可出现性逆转。鸟类雌性生殖腺发育不对称，即只有左侧卵巢发育，并具有功能，右侧卵巢保持原状态。如果母鸡左侧卵巢发生病变受到损害，则右侧未分化的卵巢便转变为睾丸，从而变成能生育的公鸡，出现“牝鸡司晨”的现象。如果在孵化的早期阶段，用雌激素处理鸡胚，可引起遗传学上本为雄性的胚胎出现不同程度的雌性发育。但这种性反转不是永久性的。如果性别发生变化，性染色体不会发生变化，如有些母鸡在下蛋后会鸣啼，长鸡冠，但性染色体仍是ZW，而公鸡服用激素后会带小鸡，性染色体仍是ZZ。

4. 卵细胞的发育、生长与排卵

（1）发育 排出的卵未受精，则为次级卵母细胞。受精则产生成熟的卵细胞和第二极体。

（2）卵泡生长 垂体分泌的促卵泡激素（FSH）和促黄体素（LH）、卵巢分泌的卵泡激素和肝脏释放的卵黄物质促进卵泡迅速增长。

（3）排卵 卵泡成熟后，卵泡带破裂排出卵子。排出的卵被输卵管喇叭部接纳。排卵时间一般在上午，排卵间隔24～25h，在前一枚蛋产出后30min左右。排卵是由神经-体液共同控制的。神经的影响最终通过激素途径实现，如输卵管前部有较大异物（包括卵黄、血块）时，输卵管前部通过神经可抑制排卵诱导素（OH）的分泌，达到不排卵的目的。

排卵诱导素（OH）：家禽排卵是垂体前叶周期性分泌促黄体素（LH）作用的结果，禽类特称排卵诱导素。这种激素正常分泌是在黑暗环境中，在排卵前6～8h大量分泌到血液中，然后作用到卵泡上。若当天产蛋时间是16：00，则不发生排卵，第二天无蛋。因为此前的6～8h为白天，不分泌OH。

此外，FSH能与OH协同诱发排卵。孕酮通过刺激垂体分泌OH，起间接诱发排卵的作用。

雌激素：由卵巢髓质的卵泡外腺细胞所分泌。作用是抑制鸡冠生长，形成雌性羽毛，增加血中蛋白质、钙、磷及脂肪含量，增宽耻骨间隙，促进输卵管生长。雌性激素分泌调节步骤见图 2-4。

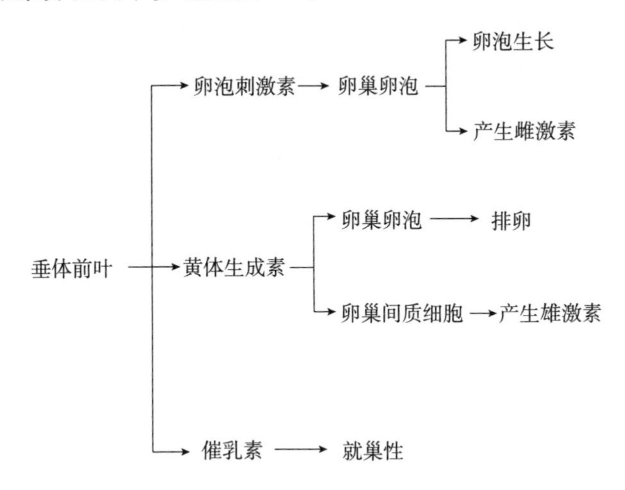

图 2-4 雌激素分泌调节步骤

5. 蛋的形成与产出

（1）蛋的构造　蛋由胚珠（胚盘）、蛋黄、蛋白、蛋壳膜、蛋壳组成（图 2-5）。

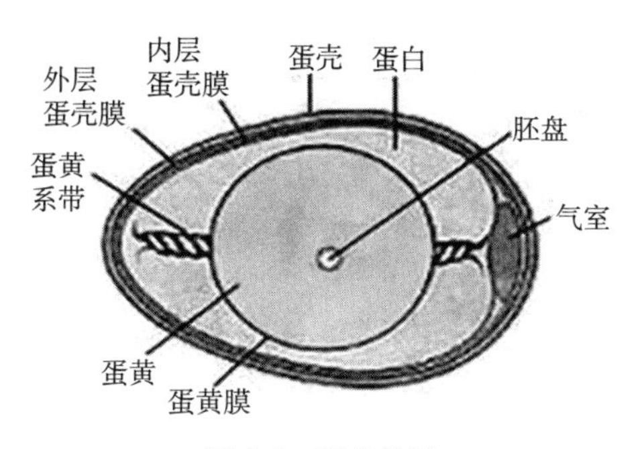

图 2-5 蛋的构造

（2）蛋黄及其形成　蛋黄的作用主要是提供胚胎发育的营养物质，由系带悬挂于蛋的中心处，白蛋白和黄蛋白相间构成同心圆，蛋黄外层由蛋黄膜包围，卵细胞随着蛋黄的增长逐渐移到蛋黄表面，蛋黄经输卵管接纳后，借助于输卵管的波状收缩而进入膨大部。

（3）蛋白及其形成　整个蛋白均由膨大部分泌，此处分泌清蛋白（或称蛋白），包裹蛋黄。在蛋形成的过程中，由于卵黄的扭转和水的介入而使蛋白分为 4 层，依次为内浓蛋白（系带）、内稀蛋白、外浓蛋白、外稀蛋白。其中，浓蛋白和外稀蛋白占总蛋白的 3/4。各层蛋白表现出相同的性质。系带自卵黄向外扭转延伸，在输卵管的后部形成。

（4）蛋壳膜及其形成　由峡部分泌的黏性纤维蛋白，形成两层薄而坚韧、富有弹性的内外蛋壳膜。蛋壳膜是一种半透性膜，可通过水分和盐类。内壳膜包围着外稀蛋白，外壳膜紧贴蛋壳内表面。内外壳膜在蛋的钝端分开，形成气室，有利于胚胎发育的气体交换和啄壳。两层膜紧密地黏合在一起，只是在壳的钝端，当鸡蛋刚被产出时由于冷收缩使内外壳膜分离形成气室。一开始气室非常小，但是随着蛋的冷却和水分的蒸发会逐渐增大，因此，气室直径可作为衡量禽蛋新鲜度的指标。蛋壳上的气孔数为7 000～8 000个，气孔数可达10 000个以上，气室部气孔数最多，利于孵化。蛋壳膜在峡部由许多纤维交错而成，水分和空气可以渗入壳膜。壳膜分为两层，即内壳膜和外壳膜。刚开始形成时，壳膜比较松软，在子宫处随着水、盐的渗入而最终成形。外壳膜厚约0.05mm，而内壳膜厚仅有0.015mm。

（5）蛋壳及其形成　蛋壳的主要成分是碳酸钙。蛋壳分内外两层，内层为较薄的乳头突起，外层为较厚的海绵结构，有内外相通的气孔。蛋壳外覆盖一层胶护膜，防止水分蒸发和细菌的渗入。随着保存时间的延长或孵化，表层胶护膜逐渐脱落，空气可以进入蛋内，水气和孵化时胚胎呼吸产生的二氧化碳排出蛋外。

（6）蛋的产出　蛋自阴道产出，受神经-激素控制。凡能引起子宫肌肉收缩的因素都能使蛋产出。卵泡分泌的孕酮、垂体后叶分泌的催产素与加压素，参与了产蛋的控制。通过刺激下丘脑视丘，机械刺激子宫部，导致提前产蛋，表明神经参与产蛋，但需通过激素途径来实现。母鸡都在白天产蛋，且常在光照开始后7～10h内产出，蛋在阴道内锐端在前，产出时钝端先出者占90%，因为产蛋时子宫肌肉收缩，阴道翻出时使蛋翻转了180°。

6. 异常蛋的类型及形成的原因

（1）砂壳蛋　表现为蛋壳上发生白色颗粒状物沉积，蛋壳表面或两端粗糙，见于锌缺乏症、饲料中钙过量而磷不足，也可见于传染性支气管炎、新城疫等。偶见于母鸡产蛋时受到急性应激，使蛋在子宫内滞留时间长，蛋壳表面沉积多余的“溅钙”。

（2）薄壳蛋　常由产蛋母禽的饲料中钙含量不足或钙磷比例失调，或环境急性应激等因素，影响蛋壳腺碳酸钙沉积功能所致，见于笼养蛋鸡疲劳综合征、软骨症、热应激综合征，也可见于某些传染病和其他营养代谢病，如副伤寒、大肠杆菌病、鸡白痢、新城疫、锰缺乏或过量等。

（3）软壳蛋　上述薄壳蛋产生的因素几乎都可能导致软壳蛋的出现。此外，还可见于锌缺乏症。

（4）粉皮蛋　表现为蛋壳颜色变淡或呈苍白色，常见于禽流感等。也可因产蛋禽受营养或环境因素应激后，影响蛋壳腺分泌色素卵嘌呤的功能所致。

（5）双壳蛋　具有两层蛋壳的蛋，见于母禽产蛋时受惊后输卵管发生逆蠕动，蛋又退回蛋壳分泌部，刺激蛋壳腺再次分泌出一层蛋壳，从而成为双壳蛋。

（6）无壳蛋　见于由大肠杆菌或沙门氏菌所致的蛋禽卵黄性腹膜炎，在蛋鸡内服四环素类药物或在产蛋时受到急性应激时也可见到类似的情况。

（7）血壳蛋　常由于蛋体过大或产道狭窄引起蛋壳表面附有片带状血迹，见于刚开产的母禽，也可由母禽蛋壳腺黏膜弥漫性出血所致。

（8）裂纹蛋　蛋壳骨质层表面可见明显裂缝，见于锰缺乏症、磷缺乏症。

（9）皱纹蛋　蛋壳有皱褶，常见于铜缺乏症。

（10）血斑蛋　见于饲料中维生素K不足等。

（11）肉斑蛋　见于由大肠杆菌、沙门氏菌等引起的输卵管炎。

（12）小黄蛋　常见于饲料中黄曲霉毒素超标，从而影响肝脏对蛋黄前体物的转运，阻滞了卵泡的成熟。

（13）无黄蛋　见于异物（如寄生虫、脱落的黏膜组织）落入输卵管内，刺激输卵管的蛋白分泌部，使分泌的蛋白包住异物，然后再包上壳膜和蛋壳，形成很小的无蛋黄畸形蛋。也可见于某些病毒严重感染输卵管上部。

（14）双黄蛋　见于食欲旺盛的高产母鸡，这是由于两个蛋黄同时沿卵巢下行，同时通过输卵管被蛋白壳膜和蛋壳包上，从而形成体积特别大的双黄蛋。

第三章 家禽品种和育种

第一节 家禽品种及杂交繁育体系

一、家禽品种分类

家禽是人类通过长时间驯化和培育，能够适应人类生活环境并能提供动物性食品的鸟类。某些特定的家禽群体在经历了人工选择和杂交等选育过程后，表现出具有相同的血统来源、相似的性状及适应性，主要性状比较一致并能稳定遗传给后代，在产量和品质方面符合人类的特定要求，具有合理的结构和足够的数量且具有一定生物学和经济学特点，这类家禽群体在经过畜禽遗传资源委员会的审核认定之后被称为家禽品种。根据家禽品种培育的历史背景和审定原则，一般分为三大类，分别是标准品种、地方品种和商业品种（商业配套系）。

（一）标准品种

标准品种也称为纯种，是根据特定育种组织制订的标准进行鉴定并得到承认的品种。目前，家禽的标准品种主要来源于欧美国家，这些标准品种为现代家禽育种提供了丰富的素材，对商业品种的培育起了很大的促进作用。早在20世纪前，英国、美国和加拿大等发达国家的养禽爱好者，针对家禽的外观特征，如体形、羽色、冠型及外貌等进行选择，他们很少考虑生产性状，尽管对系统的遗传学知识尚未熟悉，但被他们选择的性状基本都是质量性状，因此容易被固定并稳定地遗传下去，正是他们这种有针对性的选择标准使当今各具特色的标准品种得以形成。

国际公认的标准品种分类法把家禽分为类、型、品种和品变种四级。类：按品种的原产地分为亚洲类、美洲类、地中海类和英国类等。型：根据生产用途分为蛋用型、肉用型、兼用型、药用型和观赏型。品种：是人类选择的产物，是指具有一定的经济价值，主要性状的遗传性比较一致，能适应一定的自然环境，在产量和品质上比较符合人类的要求。品变种：在一个品种内按羽毛颜色或冠型分为不同的品变种。

（二）地方品种

中国是世界上较早驯化家禽的国家之一，具有丰富的地方家禽品种资源。受长期非系统性选育背景的影响，我国地方鸡种表现出体形外貌多样性，生产性能较低，但同时具有一定优良特性，如肉蛋品质好、抗逆性强等。随着现代育种技术水平的提高，地方鸡品种优良种质特性在商用蛋鸡、肉鸡生产中得到很好的开发利用。此外，我国水禽品种资源在全世界首屈一指，其中有被称为全世界饲养最普通的快大型肉鸭生产品种北京鸭、世界上产蛋性能最好的豁眼鹅、狮头鹅、皖西白鹅、四川白鹅以及绍兴鸭、金定鸭、高邮鸭等优秀品种。

（三）商业品种（配套系）

家禽的配套系又称为商业品种，是在标准品种（或地方品种）的基础上采用现代育种方法培育出的，具有特定商业代号的高产群体，也称为商用品系，由育种公司选育并命名，如农大 3 号蛋鸡、京红 1 号蛋鸡、海兰褐蛋鸡、罗斯肉鸡、科宝肉鸡、樱桃谷肉鸭等。商业品种与标准品种是两个不同的概念。标准品种注重血统的一致和典型的外貌特征，尤其注意羽色、冠型、体形等。随着商业化养鸡生产的兴起，育种的重点由外貌转向生产性能，这一转变使育种家致力于提高鸡群生产性能的水平及一致性。由于一些标准品种在主要生产性能上具有很强的优势，如来航鸡的高产蛋量、克尼什鸡的肉用性能，因此，少数几个标准品种在商业育种的激烈竞争中逐渐取得主导地位，成为广泛应用的基本育种素材，大量的标准品种因生产性能无竞争力退出了现代养鸡生产。仍留在商业育种中的少数标准品种也随着现代育种而发展成为商业配套系，仅留少量被作为遗传资源得到保护。

1. 配套系的特征　配套系要经过育种和制种两个步骤，并由不同场站完成，具有高产、稳产、性能整齐一致、成活率高（育成期和产蛋期均达94%～96%）等优点。以配套性生产、配套性出售来保证种质和控制种源。商品代不能作种用，只能作商品用，并有特有的商品命名（商标）。由于育种的商业化，配套系已脱离了原来的标准品种的名称，而用育种公司的专有商标，如京白鸡（北京市种禽公司）、星杂 288（加拿大雪佛公司）和罗曼白（德国罗曼公司）。

2. 配套系的类型　配套系主要分为蛋鸡和肉鸡，其中蛋鸡分为白壳蛋鸡、褐壳蛋鸡和粉壳蛋鸡；肉鸡分为白羽肉鸡、优质肉鸡和有色羽鸡。

（1）蛋鸡

①白壳蛋鸡　全部来源于单冠来航品变种，通过培育不同的纯系来生产两系、三系或四系杂交的商品蛋鸡。体小性成熟早，产蛋多，饲料效率高，死亡率低。标准饲养条件下，20 周龄产蛋率 5%，22～23 周龄达 50%，26～27 周

龄进入产蛋高峰，72 周龄产蛋量达 280～290 枚，成熟体重 1.5～1.8kg，料蛋比（2.4～2.5）∶1。生产性能随选育不断提高，如京白 904、星杂 288、罗曼白、海兰 W-36、迪卡白等。

②褐壳蛋鸡　多为洛岛红、洛岛白、苏塞克斯等兼用型鸡或合成系之间的配套杂交鸡。最主要的配套模式是以洛岛红（隐性金色基因 *s*）为父系，洛岛白或白洛克（显性银色基因 S）等为母系。主要的褐壳蛋鸡品种有伊莎褐、海赛克斯褐、罗曼褐、海兰褐等。

③粉壳蛋鸡　利用轻型白来航鸡与中型褐壳蛋鸡杂交产生的鸡种，壳色深浅斑驳不整齐，如星杂 444、天府粉壳蛋鸡、伊利莎粉壳蛋鸡、尼克粉壳蛋鸡等。实际用作培育粉壳蛋鸡的标准品种有：白来航、洛岛红、洛岛白、白洛克、澳洲黑等。

（2）肉鸡

①白羽肉鸡　父系大多采用生长快、胸腿肌肉发育良好的白科尼什，也结合少量其他品种血缘，母系最主要用产蛋量高且肉用性能也好的白洛克，在早期还结合了横斑洛克和新汉夏等品种的血缘。此外，还有新培育的节粮型肉种鸡，如 D 型矮洛克（中华矮脚鸡）、爱拔益加、艾维茵、哈巴德、狄高、彼德逊等。一般商品代 7 周龄体重 2kg 以上，料肉比 2.0∶1 以下。

②优质肉鸡　从狭义上讲，优质鸡是指未经与速生型肉鸡杂交、适时屠宰、肉质鲜嫩的地方鸡种。广义的概念是指优质鸡除了具有优良的肉质外，还须有较好的符合某地区和民族喜好的体形外貌（活鸡市场尤为重要）及较高的生产性能，以降低生产成本，扩大消费面。如优质黄羽肉鸡、乌骨鸡（丝羽、常羽）、各地改良土种鸡（仿土鸡）。一般商品代需饲养 2～3 个月，体重1.5～2kg，料肉比 3.0∶1 左右。

③有色羽鸡（以红羽为主）　亚洲国家偏爱。如用红科尼什选育成父系，洛岛红选育成母系。红布罗（红宝）由加拿大雪佛公司生产。安康红由法国伊莎公司培育。一般其生产性能差于白羽肉鸡。

二、家禽的品种

（一）鸡的主要标准品种

1. 单冠白色来航鸡　原产于意大利，为著名的蛋用型鸡种，是培育商品蛋鸡系的主要品种之一。来航鸡按羽毛颜色和冠型可分为十多个品变种，其中单冠白色来航鸡应用最广。来航鸡体形小而清秀，全身羽毛白色而紧贴，单冠鲜红膨大，喙、胫和皮肤均为黄色，耳叶为白色。一般无就巢性，适应性强。但富神经质，非常敏感，易受惊吓。

该品种的特点是成熟早，产蛋量高而饲料消耗少。5 月龄时可达性成熟，一般为5～5.5月龄开产，年产蛋200～250枚，高产时可达300枚，平均蛋重54～60g。体重较轻，成年公鸡体重2～2.5kg，母鸡体重1.75～2kg。

2. 洛岛红鸡　原产于美国洛德岛州，属兼用型种。有单冠和玫瑰冠两个品变种。我国引进的洛岛红鸡为单冠。洛岛红鸡羽毛为深红色。成年公鸡体重3.5～3.8kg，母鸡体重2.2～3.0kg，性成熟期平均约180d，年产蛋量160～170枚，蛋重60～65g，蛋壳褐色，就巢性不强。

3. 新汉夏鸡　原产于美国新汉夏州，属于蛋肉兼用型品种，原为洛岛红鸡的一个变种，1935年正式被承认为标准品种。但背部较短，羽毛颜色略浅。成年公鸡体重3～3.5kg，母鸡体重2.5～3.0kg。性成熟期180d左右，年产蛋量180～200枚，蛋重56～60g，蛋壳褐色，就巢性弱。

4. 白洛克鸡　洛克鸡原产于美国普利茅斯洛克州。按羽色共有7个品变种，分别于19世纪末、20世纪初育成。属蛋肉兼用品种。全身羽毛白色，喙、胫和皮肤均为黄色，耳叶为红色。该鸡种具有体形大、生长快、易育肥、产蛋较多等特点，成年公鸡体重4.0～4.5kg，母鸡体重3.0～3.5kg，年产蛋120～140枚，高的可达180枚，蛋重60g左右，蛋壳浅褐色。

5. 芦花洛克鸡　全身羽毛呈黑白相同的芦花纹，具有生长快、产蛋多、肉质好、易育肥的特点。成年公鸡体重4.3kg，母鸡体重3.5kg，年产蛋170～180枚，高产系可达230～250枚，蛋壳褐色，蛋重56g左右。

6. 白科尼什鸡　原产于英国。为现代肉用型鸡种的典型代表。此鸡为豆冠。喙、胫和皮肤为黄色，羽毛为显性白色，用它与有色母鸡杂交，后代均为白色或近似白色，该鸡以体形大、生长快，肉用性能好而著称。成年公鸡体重4.5～5.0kg，母鸡体重3.5～4.0kg，但产蛋量少，年产蛋120枚左右，蛋重54～57g。该品种一般均用作生产肉用仔鸡的父系。

7. 丝羽乌骨鸡　又称丝毛鸡。原产于我国江西、福建等地，在国际上被列为标准品种，不仅具有蛋、肉兼用的特点，而且为著名的观赏型鸡种。该鸡种具有所谓“十全”之誉，即紫冠、绿耳、缨头、丝毛、胡须、五爪、毛脚、乌皮、乌骨和乌肉。成年公鸡体重1.25～1.50kg，母鸡体重1～1.25kg，180日龄左右开产，年产蛋80～120枚，蛋重40～42g，蛋壳浅褐色，就巢性极强。该鸡种抗病力弱，育雏率低，乌骨鸡为传统中药“乌鸡白凤丸”的重要原料。

8. 澳洲黑鸡　属兼用型。在澳洲利用黑色奥品顿鸡，注重产蛋性能选育而成。体躯深而广，胸部丰满，头中等大，喙、眼、肠均为黑色，脚底为白色。单冠、肉垂、耳叶和脸均为红色，皮肤白色，全身羽毛黑色而有光泽，羽毛较紧密。此鸡适应性强，成熟较早，产蛋量中等，蛋壳褐色。

9. 狼山鸡　原产于我国江苏省南通市如东县和南通市通州区石港镇一带。

19 世纪输入英、美等国，1883 年在美国被承认为标准品种。有黑色和白色两个品变种。体形外貌最大特点是颈部挺立，尾羽高耸，背呈 U 形。胸部发达，体高腿长，外貌威武雄壮，头大小适中，眼为黑褐色。单冠直立，中等大小。冠、肉垂、耳叶和脸均为红色。皮肤白色，喙和跖为黑色，跖外侧有羽毛。狼山鸡的优点为适应性强、抗病力强、胸部肌肉发达、肉质好。

（二）鸭的主要标准品种

1. 北京鸭 原产于北京，是世界上最著名的肉鸭品种。1873 年输往英国、美国，现已分布全世界，几乎所有的商业白羽肉鸭都来自北京鸭。体形硕大丰满、挺拔美观，头较大，喙中等大小，眼大而明亮，颈粗、中等长，尾短而上翘。公鸭有 4 根卷起的性羽，具有适宜烧烤的优良肉质，是北京烤鸭的原料。

2. 咔叽康贝尔鸭 属蛋用型康贝尔鸭的 3 个品变种之一，又名黄褐色康贝尔鸭（另外 2 个为黑色和白色）。原产于英国，是世界著名的优良蛋用型鸭种。具有适应性广、产蛋多、饲料利用率高、抗病力强、肉质好等优良特性。成年公鸭体重 2.3～2.5kg，母鸭体重 2.0～2.3kg。母鸭 120～131 日龄开产，年均产蛋量为 250～270 枚，蛋重 70～75g，蛋壳白色。

3. 瘤头鸭 与一般家鸭同科不同属，俗称番鸭，属肉用型鸭，原产于南美洲及中美洲热带地区，有黑羽和白羽两种类型。番鸭与家鸭杂交，其后代无繁殖能力，俗称骡鸭。瘤头鸭具有生长快，体形大，胸、腿肌丰满，肉质优良等特点，眼至喙的周围无羽毛，头部两侧和脸上有赤色肉瘤，眼、喙红色。成年公鸭体重 4.0～5.0kg，母鸭体重 2.5～3.0kg。母鸭 180～210 日龄开产，年均产蛋 80～120 枚，蛋重 70～80g。商品鸭 3 月龄公鸭重 2.7kg，母鸭重 1.8kg，料重比平均为 3∶1，瘦肉率达 75%左右。

（三）鹅的标准品种

中国白鹅，体躯长而宽，体长达 80～100cm，成年公鹅体重可达 5.0kg，母鹅体重 4.0kg 左右。家鹅头较大，额骨凸，上嘴基部有一个大而硬的肉质瘤。嘴下皮肤皱褶，形成“口袋”，嘴形扁阔而长，颈长而稍弯曲，胸部发达，腿长，尾短向上，有脂囊，体躯站立时昂然挺立。白鹅全身羽毛洁白，嘴、肉瘤、腿、脚、蹼为橘黄色。

此外，鹅的标准品种还包括非洲鹅、第谱卢兹鹅、爱滕鹅、埃及鹅、图卢兹鹅等。

（四）火鸡的标准品种

青铜火鸡，原产于美洲，个体较大，胸部很宽，俗称变脸鸡，头上的皮肤瘤由红色到紫白色，肉垂同头皮颜色，颈部羽毛深青铜色，背羽青铜色末端有黑边，主、副翼羽有黑白相间的斑纹。公火鸡体大胸前有黑色“须毛”一束，胫有距，尾羽发达，展开呈扇状，如孔雀开屏。

（五）我国地方家禽品种

1. 我国地方鸡种

（1）仙居鸡　原产于浙江省台州市，重点产区是仙居县，分布很广。体格较小，结实紧凑，体态匀称秀丽，动作灵敏活泼，易受惊吓，属神经质型。头部较小，单冠，颈细长，背平直，两翼紧贴，尾部翘起，骨骼纤细；其外形和体态，颇似来航鸡。羽毛紧密，羽色有白羽、黄羽、黑羽、花羽及栗羽之分。跖多为黄色，也有肉色及青色等。成年公鸡体重1.25～1.5kg，母鸡体重0.75～1.25kg，产蛋量目前变异度较大。

（2）大骨鸡　又名庄河鸡，属蛋肉兼用型。原产于辽宁省庄河市，分布于东沟、凤城、金县、新金、复县等地。大骨鸡是以蛋大为突出特点的兼用型地方鸡种。单冠直立，体格硕大，腿高粗壮，故名大骨鸡。身高颈粗，胸深背宽，腹部丰满。公鸡颈羽为浅红色或深红色，胸羽黄色，肩羽红色，主尾羽和镰羽黑色有翠绿色光泽，喙、跖、趾多数为黄色。母鸡羽毛丰厚，胸腹部羽毛为浅黄或深黄色，背部羽毛为黄褐色，尾羽黑色。成年公鸡平均体重3.2kg以上，母鸡体重2.3kg以上。年均产蛋量146枚，平均蛋重63g以上。

（3）惠阳鸡　主要产于广东博罗、惠阳、惠东等地。惠阳鸡属肉用型，其特点可概括为黄毛、黄嘴、黄脚、胡须、短身、矮脚、易肥、软骨、白皮及玉肉（又称玻璃肉）10项。主尾羽颜色有黄、棕红和黑色，以黑色居多。主翼羽大多为黄色，有些主翼羽内侧呈黑色。腹羽及胡须颜色均比背羽色稍淡。头中等大，单冠直立，肉垂较小或仅有残迹，胸深、胸肌饱满。背短，后躯发达，呈楔形，尤以矮脚者为甚。惠阳鸡育肥性能良好，沉积脂肪能力强。成年公鸡重1.5～2.0kg、母鸡重1.25～1.5kg。年均产蛋量70～90枚，蛋重47g左右，蛋壳有浅褐色和深褐色两种，就巢性强。

（4）寿光鸡　原产于山东省寿光县，历史悠久，分布较广。头大小适中，单冠，冠、肉垂、耳叶和脸均为红色，眼大灵活，嘴、肠、爪均为黑色，皮肤白色、全身黑羽，并带有金属光泽，尾有长短之分。寿光鸡分为大、中两类型。大型公鸡平均体重3.8kg，母鸡体重3.1kg，产蛋量90～100枚，蛋重70～75g。中型公鸡平均体重3.6kg，母鸡体重2.5kg，产蛋量120～150枚，蛋重60～65g。寿光鸡蛋大，蛋壳厚，呈深褐色。成熟期一般为240～270d。经选育的母鸡就巢性不强。

（5）北京油鸡　原产于北京市郊区，历史悠久。具有冠羽、跖羽，有些个体有趾羽。不少个体下颌或颊部有胡须。因此，人们常将“三羽”（凤头、毛腿、胡子嘴）称为北京油鸡外貌特征。体躯中等大小，羽色分赤褐色和黄色两类。初生雏绒羽土黄色或淡黄色，冠羽、跖羽、胡须明显可以看出。成年鸡羽毛厚密蓬松，公鸡羽毛鲜艳光亮，头部高昂，尾羽多呈黑色。母鸡的头尾微翘，跖部略短。尾羽与主副翼羽常夹有黑色或半黄黑羽色。生长缓慢，性成熟期晚，母鸡7月龄开产，年均产蛋110枚。成年公鸡体重2.0～2.5kg，母鸡体重1.5～2.0kg。屠体肉质丰满，肉味鲜美。

（6）静原鸡　又名固原鸡、静宁鸡，2006年农业部重新认定地方优良畜禽品种时改名为静原鸡，主要分布于宁夏南部黄土高原地区，以彭阳县数量最多。属肉蛋兼用型鸡。该品种原种主要有3个群体，即麻羽、黑羽和白羽。静原鸡体躯高大，骨骼粗壮，头高昂，大小适中。尾上翘体长胸深，背宽而平直，后躯宽而丰满，两腿粗，距离较宽，脚爪大而坚实，步态有力。成年公鸡6月龄平均体重2.39kg，最高可达2.90kg；成年母鸡6月龄平均体重1.77kg，最高可达2.38kg。

2. 我国地方鸭种

（1）蛋用品种　绍兴鸭、金定鸭、莆田黑鸭、荆江鸭、攸县麻鸭、三穗鸭、连城白鸭。

（2）兼用品种　建昌鸭、高邮鸭、大余鸭、巢湖鸭。

（3）肉用品种　北京鸭。

3. 我国地方鹅种

（1）小型鹅种　成年体重3～4.5kg，如太湖鹅、豁眼鹅、长乐鹅、伊犁鹅、乌鬃鹅。

（2）中型鹅种　成年体重5～7kg，如四川白鹅、雁鹅、皖西白鹅、溆浦鹅、浙东白鹅。

（3）大型鹅种　成年体重8～10kg，如狮头鹅。

（4）中国鹅　“鹅中来航”，产蛋性能闻名于世。

三、家禽的杂交繁育体系

家禽杂交繁育体系是将纯系选育、配合力测定以及种鸡扩繁等环节有机结合起来形成的一套体系，是现代化养禽生产的基础，是良种的保证（图3-1）。在杂交繁育体系中，将育种工作和杂交扩繁任务划分给相对独立且密切配合的育种场和各级种禽场来完成，使各个部门的工作专业化，家禽杂交繁育体系的建立决定现代家禽生产的基本结构。

（一）杂交繁育体系结构

1. 选育纯繁阶段　处于金字塔顶的是育种群，主要的选育措施都在这部分进行，其工作成效决定整个系统的遗传进展和经济效益。在这里同时进行多个纯系的选育工作。经过配合力测定，选出生产性能最好的杂交组合，纯系配套进入扩繁推广应用。育种保种体系主要包括品种场、育种场、测定站。其中，品种场主要收集、保存各种家禽的品种、品系，进行繁殖、观察，研究它们的特征、特性及遗传状况，发掘可利用的遗传变异，给育种场提供素材，又称“基因库”。育种场利用品种场提供的适应生产需要的品种（家系）或品系，选育或合成具有突出特点的高产品种（品系）并进行杂交组合试验，筛选出最优配套杂交组合，并为曾祖代场提供配套品系原种；在此过程中，育种场筛选出的最优杂交组合需在测定站进行抽样性能测定，从而为曾祖代场提供保留合格的纯系种鸡奠定基础。

2. 杂交扩繁阶段　纯系以固定的配套组合形成曾祖代（GGP）、祖代（GP）、父母代（PS），最后通过父母代杂交产生商品代（CS）。在纯系内获得的遗传特性依次传递下来，最终体现在商品代，使商品代的生产性能得以提高。扩繁阶段的首要任务是传递纯系的遗传特性，并将不同纯系的特长结合在一起，产生杂种优势，同时还要在数量上满足市场对商品鸡的需求。

繁育祖代场：进行一代杂交育种，为父母代场提供一代杂交单系种鸡。

种扩繁场（禽父母代场）：饲养祖代场提供的父母代种鸡，进行第二次杂交，生产商品鸡。

品系：随机抽取参试各商用配套系在同一标准条件下（环境、饲料、随机抽样管理等），取同样数目的鸡，统一测验各项目，结束后公布性能测定成绩，分出优劣。

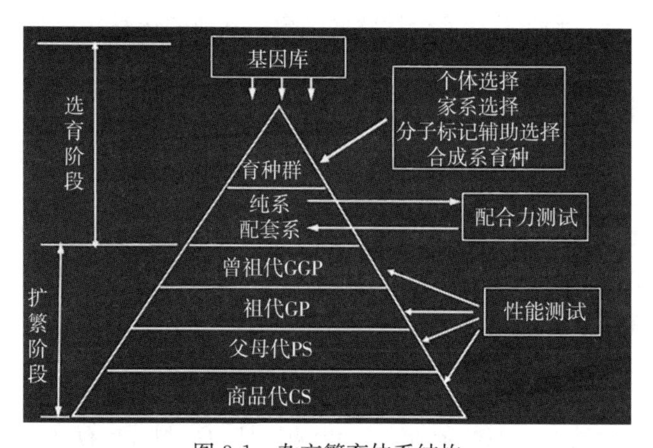

图 3-1　杂交繁育体系结构

（二）杂交繁育体系的形式

根据参与杂交配套的纯系数目分为两系杂交、三系杂交和四系杂交甚至五系杂交等，其中以三系杂交和四系杂交最为普遍。

1. 两系杂交　最简单的杂交配套模式，遗传距离短。但是不能在父母代利用杂种优势来提高繁殖性能，扩繁层次简单，供种数量少，育种公司的经济效益不良，因此，大型育种公司基本已不提供两系杂交的配套组合。

2. 三系杂交 这种形式从本质上讲是最普遍的，三系配套时父母代经过了纯系—祖代—父母代的二系杂种，因此它的繁殖性能可以获得一定的杂种优势。从提高商品代生产性能上来看是有利的，从供种数量上来看，母本经过祖代和父母代二级扩繁后数量也已大量增加。因此，三系杂交是相对较好的一种配套形式。

3. 四系杂交 主要是仿照玉米自交系双杂交的模式建立的，从实际育种效果来看，它的生产性能不但没有明显超过两系杂交和三系杂交，而且在多数情况下与三系杂交基本相近，但是从育种公司的商业角度来看，按四系配套有利于控制种源，保证供种的连续性。

（三）繁育体系的优势

全国仅需要建极少数育种场，可以集中资金、技术、人力、物力等，较好较快地不断改良配套品系。育种场可培育无特定疾病的干净鸡群，只要严格控制少数种鸡场和孵化场的防疫卫生工作，就可以减少疾病的发生。广大鸡场可以不进行任何育种工作就能饲养最优良的商品鸡，从而普遍提高鸡的生产水平，有效利用房舍设备，可节省大量人力、物力和财力。

（四）纯系选育方向

纯系在配套系中所处位置不同，应当采用不同的选育方向。蛋鸡选育重点主要是考虑产蛋数和蛋重这两个性状的平衡，其他的选育性状在不同纯系中都应综合考虑。

1. 两系配套 父系的选择侧重于产蛋数，母系的选择侧重于蛋重，因为蛋重具有较强的母体效应，为适应这一要求，可采用约束指数进行选择，也可对次要性状先做淘汰后，再侧重于重点性状的选择。

2. 三系配套 母系的选择侧重于蛋重，第一父系的选择应兼顾产蛋数和蛋重（或产蛋总重），第二父系的选择可侧重于产蛋数。

3. 四系配套 第一父系和第二父系的选择都侧重于产蛋数，第一母系的选择兼顾产蛋数和蛋重，第二母系的选择侧重于蛋重。

第二节 家禽的主要性状及其遗传特点

一、产蛋性状

（一）产蛋量

1. 表示方法 常有43周龄（301d）产蛋量、72周龄（504d）产蛋量等表示法。

饲养日产蛋数＝饲养天数×产蛋总数/饲养日总数

入舍鸡产蛋数＝产蛋总数/入舍鸡数

产蛋总重：是一只家禽或某群体在一定时间范围内产蛋的总重量。

产蛋率：群体某阶段内平均每天的产蛋百分率。

2. 遗传特点　产蛋量受环境影响大，遗传力较低，一般在 0.14～0.24。不同阶段产蛋量之间的遗传相关都较高；与蛋重的遗传相关为－0.4，与初生重、成年重的遗传相关为－0.31～－0.14，与蛋壳、蛋白品质也呈负相关。

3. 影响因素　遗传上，受微效多基因控制，遗传力较低。受环境影响的因素较大，主要体现在饲养管理条件上。生理因素公认的有 5 个，①性成熟期：即开产日龄，遗传力为 0.15～0.30。②产蛋强度：为产蛋能力优劣的依据之一。可用产蛋频率和产蛋率表示。③抱性：高度遗传，脑垂体前叶分泌催乳素所致。④休止性：产蛋期间休产 7d 以上而不是抱性时。⑤产蛋持久性：从开产到产蛋结束开始换羽的时间长，即持久性好。正常母鸡换羽开始于 16 月龄，持久性好的可到 20 月龄。

4. 伴性遗传　产蛋数、初产日龄和抱性，在某种程度上与伴性基因有关（正反交表现有差异）。例如：

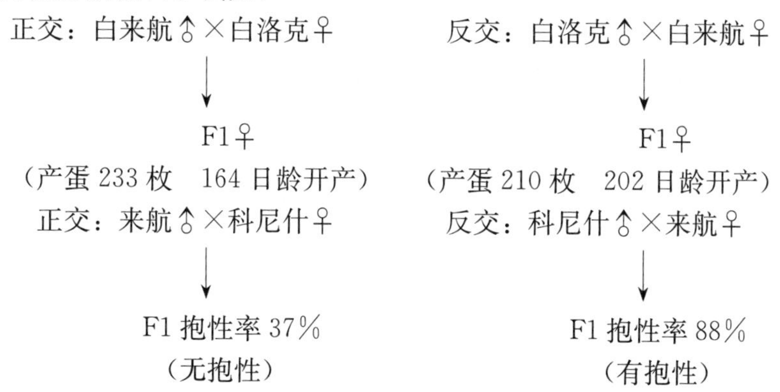

表明：公鸡对后代母鸡的产蛋量、初产日龄、就巢性影响大，因 W 染色体上几乎无重要基因；而母鸡对后代公鸡的影响力只有 1/2。

5. 近交与杂交　近交时，产蛋量低，开产晚；杂交时，产蛋量增加，初产日龄提前，故广泛应用杂交。

（二）蛋重

1. 一般变化规律　刚开产时较小，经过约 60d 的近似直线增长后，蛋重增量逐渐减少，在约 300 日龄以后逐渐接近极限。一般 32～55 周测蛋重，蛋重遗传力较高（一般为 0.5，范围为 0.3～0.6），经选育比较容易改良。重复力也高，达 0.7 左右。一般在稳定期（32～55 周龄）测蛋重。

2. 影响因素　同品种内体重大者蛋重也大；但不同品种，如体重较大的肉种鸡不一定比体重较轻的蛋用鸡蛋重大。开产时，蛋很小，然后迅速加大；

达到最大后，稳定到第二个产蛋年，以后随年龄的增加，蛋重逐渐减小。初产日龄早的蛋重也轻。环境条件也是影响蛋重的因素之一，如夏季天热、采食量下降，蛋重下降。饲养不良时蛋重也减轻。3—8 月出生的鸡，从开产到正常产蛋之间的时间短，9 月至翌年 2 月的鸡，产小蛋的时间长。

3. 遗传相关 与产蛋数呈负相关，与开产日龄呈正相关。理想的家禽是早熟而产蛋大。与蛋黄、蛋白、蛋壳重、出壳重呈正相关。

4. 近交与杂交 无近交衰退也无杂交优势，杂交后代的蛋重处于两亲本之间的水平。

（三）蛋品质

蛋壳品质包括蛋形、壳色、壳强度、壳厚度等。内部品质包括浓蛋白高度、哈氏单位、血斑率等。

1. 蛋形 主要取决于输卵管峡部构造和输卵管的生理状态，如峡部细则蛋形长，输卵管反常时，蛋形也不正常。表示方法：

$$蛋形指数=\frac{短径\times 100}{长径}$$

蛋形指数范围为 72～76，以 74 为最好。蛋形受多基因控制，遗传力中等稍高一些（0.25～0.5），蛋形比较稳定。品系杂交时，后代处于中间值。与蛋壳强度相关，较圆者强度大。

2. 蛋壳强度 用蛋壳破碎强度计测得，此外，可用蛋壳厚度计测壳厚，也可用比重法测蛋的比重来互为指示，因三者呈高度的正相关。遗传力偏低，为 0.3～0.4。环境温度高导致血钙下降，壳薄；转群、疾病、噪声等应激因素和药物因素也会影响蛋壳强度，如磺胺类饲料钙含量影响碳酸苷酶活性。

3. 壳色 鸡蛋的壳色为白色或不同程度的褐色，还有少量绿壳蛋。遗传力较高（0.30），分为白壳、褐壳和绿壳。白壳不带色素（但含卵卟啉）；褐壳卵卟啉沉积在蛋壳表面和胶护膜上；绿壳受常染色体上显性基因 D 所控制，它与卵卟啉共存时产生胆绿素。壳色与蛋内营养无关，各类蛋的品质差异与选育程度、遗传特性有关。影响因素有时间、产蛋量和杂交，个体开产时色浓，产蛋结束时色淡，提高产蛋数时，壳色往往变浅。白、褐壳蛋鸡杂交时，F1 代壳色在两亲本之间而近于白色。白壳对褐壳呈不完全显性。

4. 浓蛋白高度及哈氏单位 浓蛋白高度是遗传的，遗传力较高，其受蛋重大小的影响，蛋大则浓蛋白也高。哈氏单位（Haug Unit）：用蛋重加权从浓蛋白高度求出的单位。哈氏单位$=100\log(H-1.7W^{0.37}+7.6)$，$H$ 表示浓蛋白高度（mm），W 表示蛋重（g）。遗传力为 0.4～0.5，重复力较高，为 0.7～0.8，哈氏单位与浓蛋白高度呈强正相关。影响因素较多，贮存时间越长越低，一般产出后24h内测得，75～80较好。哈氏单位与营养价值、孵化率呈正相关。初产时高而后下降。哈氏单位与产蛋量呈较弱的负相关。近交时低，杂交时高。有明显的性连锁遗传效应，父本对后代的影响比母本强。蛋黄沉积或排卵时发生出血而沉着在卵黄中，有时出现在蛋白中。遗传力较高，0.25左右，可通过选育有效地改变，但完全去除几乎不可能。

5. 蛋黄品质　主要指蛋黄色泽，遗传力0.15（全同胞估计），蛋黄重与全蛋重比值为0.1（全同胞）成0.4（半同胞）。蛋黄色泽取决于饲料中色素的来源，连产多则色淡。故要重视色素补充，如饲料中添加黄玉米、干草粉、人工色素。蛋黄颜色用罗氏比色扇可测定。

二、肉用性状

（一）体重与增重

体重：衡量产肉量的指标，反映家禽发育及健康状况，影响蛋重大小。肉用商品鸡早期体重始终是育种最主要的目标。蛋鸡、种鸡体重是衡量生长发育及群体均匀度的重要指标。

增重：表示某一年龄段内体重的增量，与体重密切相关。

1. 体重的遗传特点　体重和增重都是高遗传力性状，相关性也很高。成年体重受多基因控制。在早期，不同周龄体重间有很强的正相关。体重与体形性状之间均有较强的正相关。同时选择体重和体形，可使两性状都得到有利的改良。体重和增重与耗料量有很高的正相关。选择增重在提高体重的同时也增加耗料量，而选择饲料转化率在增加体重的同时，基本上不影响耗料量。体重和增重与家禽的繁殖性能均有负相关关系。腹脂量和腹脂率均随体重增加而增加，但选择增重有可能使腹脂率降低。

2. 生长曲线　增重是一个连续的过程，在正常情况下表现为体重的S形曲线增长。一般用生长曲线来描述体重随年龄的增加而发生的规律性变化。

3. 生长速度　早期生长速度是肉用禽的重要指标。遗传力高，为0.4～0.8，经选育容易改良。相关因素有禽种：绝对增重：鹅＞鸭和鸡；相对增重：鸭＞鹅和鸡；品种：如现代肉仔鸡父系以白科尼什，母系以白洛克生长迅速，还有北京鸭、白色宽胸火鸡等都是同种内生长快的品种；年龄：以2～3月龄生长较快，尤其是第一个月；性别：雄性＞雌性，肉仔鸡8周龄体重，公鸡的生长速度是母鸡的22%；羽毛冠型：带不限制色素基因Ⅱ的鸡＞不带Ⅱ的鸡，含色素原基因*CC*的鸡8周龄体重＞不含*CC*的同龄鸡，具伴性快羽基因*k*的鸡生长速度较快，裸颈基因*NA*有降低8周龄体重的效应，单冠鸡8周龄体重略重，羽毛冠基因导致生长缓慢。产蛋量：肉鸡生长速度和其今后的产蛋量呈负相关，故选种时除重视生长速度外，还要兼顾产蛋量等其他性状。开产日龄：与生长速度呈负相关，即生长快的成熟早。

（二）屠体性能

活重：指在屠宰前停饲12h后的重量。

屠体重：放血去羽毛后的重量。

全净膛重：去掉所有内脏（只保留肺、肾）、腹脂及头脚（鸭鹅保留头脚）的重量。

半净膛重：全净膛重＋心、肝（去胆）、腺胃、肌胃（去角膜及内容物）、腹脂及头脚（可食用部分）。

屠宰率：屠体重占活重的百分比。

胸肌率（％）＝胸肌重×100％/全净膛重。

活体度量时常用胸角器测胸角度或用卡尺测量胸宽深和龙骨的长度。胸角和胸宽的遗传力为0.3～0.4；遗传相关0.8以上，高度相关；它们与体重的遗传相关分别为0.42和0.21，因而对体重的选择可以使肌肉发育得到改进。胸宽与龙骨长、躯干长、胫长、腿长等骨骼指标的相关比较低，一般在0.3左右，有时甚至为负值，这说明胸肌和骨骼的发育是相对独立的。

腿肌率（％）＝大小腿净肌肉重×100％/全净膛重

1. 屠宰率 屠宰率是肉鸡的重要性状，反映肌肉丰满和肥育程度。屠宰率的遗传力为0.3左右，全净膛的屠宰率遗传力较低（0.12），杂种的屠宰率优于双亲，各分割块占屠体百分率的遗传力一般为0.3～0.7。

选择方法：以活体性状间接测定为主、屠宰后直接测定为辅。

2. 屠体化学成分 包括水分、蛋白质、脂肪、灰分。

屠体化学成分的遗传力估计值较高，与耗料增重比呈较强的负相关。

选择方法：通过对极低密度脂蛋白、腹脂率或饲料转化率进行选择，可改变屠体的化学成分。

3. 屠体缺陷 主要缺陷有龙骨弯曲、胸部囊肿和绿肌病。屠体缺陷与饲养管理因素、遗传因素、肉鸡早期生长速度快有关。这些缺陷发生率高会造成较大经济损失。

在生长期限制鸡和火鸡的活动是导致绿肌病的原因。在急性病变，整块胸深肌（胸小肌）表现苍白肿胀，并且覆盖着一层纤维蛋白性的膜，有时还有出血。坏死组织的颜色为白色或鲑鱼样的粉红色，只是其外线显现绿色。病变通常仅限于胸深肌的中部。在慢性病例，受害肌肉中都呈现黄绿色。将肌肉切下时，可见其表面干燥而脆。显微病变为，肌肉上有很大的肿胀区，并可见坏死的肌纤维。

4. 腹脂和体脂 过去单纯追求生长速度而带来过肥的问题。沉积脂肪比生长瘦肉要多消耗3～4倍的能量，增加了饲料消耗，消费者也不喜欢过肥的家禽。因此，培育低脂鸡已成为当前肉鸡育种的重要课题。

(1) 体脂与腹脂遗传力 高度相关 (0.5～0.6)，且腹脂在体脂中所占比重大，常以腹脂作为体脂的代表。腹脂遗传力较高 (0.48 左右)，腹脂的变异系数大，容易产生选择反应，也说明过去对腹脂的选择未予重视。

(2) 度量方法 同胞或后裔解剖成绩。血浆极低密度脂蛋白与腹脂高度相关，遗传力高 (0.5)，是很好的间接度量指标。

(3) 影响因素 体脂与腹脂的沉积与饲料、环境、遗传等许多因素有关，但主要受遗传因素的影响。

腹脂与活重间的相关性较强 (0.3～0.5)，表明增加体重会使腹脂含量增加；但减少腹脂可以使体重无显著变化。腹脂与饲料消耗比呈正相关。腹脂与产蛋量不相关，降低腹脂不会影响产蛋量，而体脂的减少有助于提高产蛋量。对腹脂的选择不影响肉质，因肌肉组织内的脂肪不易受选择的影响。

(三) 体形与骨骼发育

在衡量肉禽的产肉性能和体格结实度方面有重要意义。理想的肉禽要求胸部宽大，肌肉丰满，体躯宽深，腿部粗壮结实。圆胸已成为肉鸡区别于蛋鸡的重要特征之一。评定胸部发育状况时，最常用的活体测定指标是胸角度和胸宽，遗传力很高，达 0.8 以上，与体重相关分别为 0.42 和 0.21。对体重的选择可以使肌肉发育有所改进，实际育种中，多进行主观评定。

1. 体形与骨骼指标 包括龙骨长、躯干长、跖长、跖部周径、胸深等。这些指标的遗传力较高，它们与体重的遗传相关较高。这些骨骼指标与胸宽的遗传相关较低，表明胸肌发育与骨骼发育是相对独立的。

2. 腿部异常 弱腿包括所有的腿部、胫部和趾部骨骼异常，如扭曲腿、胫骨软骨增生不良、骨端粗短、弯趾、软骨和关节炎等，主要发生于肉鸡，是由肉鸡快速增长的体重与腿部骨骼发育不平衡而引起的，可导致采食不便而影响生长发育、屠体品质下降。目前，一些育种公司已将弱腿和腹脂列为重点选择指标。遗传力中等，用胫骨软骨增生不良估测遗传力为 0.23～0.6。影响因素包括遗传、营养、管理和微生物等。从遗传上选择腿脚结实的鸡作种用，是解决弱腿的根本途径。

三、生理性状

(一) 饲料转化率

利用饲料转化为产蛋总重或活重的效率，是养禽业特别是肉禽业的重要指标之一，因为饲料占总支出的 60%～70%。

1. 表示方法 料肉比 (耗料增重比) 与料蛋比。比值越小，饲料效率越高。

料蛋比：h^2中等，0.3左右，一般用产蛋总重进行间接选择。*dw* 基因有利。

料肉比：h^2较高，主要利用早期增重速度来间接改进，二者呈较强的负相关（增重越快，料肉比越小；增重越慢，料肉比越大）。

不同品种或品系饲料转化率不一样，现代肉仔鸡一般6～7周龄上市，料肉比已降至1.8左右，产蛋鸡降至2.2左右。

2. 相关因素

（1）生长速度　强的负相关（－0.6～－0.5），实践上主要靠提高家禽的生长速度间接提高饲料效率。

（2）与蛋鸡体重、产蛋量　密切相关，凡产蛋量高且体重又小者，料蛋比就小，反之则大。

（3）不含色素原基因 *C* 的母鸡饲料消耗比较小　如白壳蛋鸡比褐壳鸡料蛋比小。

3. 改进方法　减少饲料浪费、加大采食量、提高营养成分的消化率及代谢率、减少维持需要、减少脂肪沉积。

（二）生活力

1. 指标　成活率（育雏、育成期和产蛋期）受环境影响非常大，遗传力极低。选择主要集中在提高遗传抗病力上。生产上采取综合措施提高家禽生活力。

2. 选择抗病力的方法

（1）家系选择　选择死亡低的家系，但效果不理想。

（2）攻毒实验　进行同胞选择或后裔测定。选择效果较好，但费用很高，而且需要专门的鸡场和隔离设施。

（3）辅助选择　利用与抗病力有关的标记进行辅助选择。其费用低，效果较好，目前较常用。研究最多的是主要组织相容性复合体（MHC）与抗病力的关系。

目前的育种计划是针对一般抗病力的选育，提高鸡对多种疾病的普遍抵抗力。

（三）受精率与孵化率

禽的繁殖力主要取决于受精率和孵化率。二者的遗传力都很低，受饲养管理的影响较大。

受精率因品种、生理状态和饲养管理条件的不同而不同。一般轻型鸡较重型鸡受精率高，单冠好于其他冠型，豆冠一般都低。家禽健康、产蛋量高时受精率也高。孵化率受种禽的饲养管理条件和孵化技术等因素的影响，是反映种鸡场技术水平的灵敏指标。商品杂交鸡标准的孵化率为盛产期雄性的受精率

98%，孵化率91%，率差7%；老龄雄性的受精率93%，孵化率81%，率差12%。率差越小，反映种鸡饲养和孵化技术越高。近交时孵化率低，杂交时杂种优势明显。受精率与孵化率是决定种鸡繁殖效率的主要因素，遗传力很低，主要受环境条件的影响。

受精率是一个综合的性状，受公鸡精液品质、性行为、精液处理方法和时间、输精方法和技巧、母鸡生殖道内环境等因素的影响，通过家系选择有所提高。孵化率受孵化条件和种蛋质量的影响，遗传选择提高孵化率很困难。受精率和孵化率受群体遗传结构的影响，近交衰退十分严重，实践中（闭锁群继代选育时）常淘汰表现差的家系，来保持育种稳定。

（四）成活率

成活率包括育雏育成期的育成率和产蛋期的存活率。新汉夏鸡10周龄成活率的遗传力为0.05，来航产蛋母鸡死亡率的遗传力为0.083，白血病死亡率遗传力为0.059。成活率在近交时下降，杂交时产生优势；据测近交系数每增加1%，育雏期死亡率上升0.33%，育成期死亡率上升0.15%，产蛋期死亡率上升0.21%。由于注意鸡群疾病的净化以及杂交优势的结果，现代商品杂交鸡的成活率大大增强，育雏育成期和产蛋期的成活率分别达到96%和94%以上。

（五）血型和蛋白多态

1. 血型　是存在于红细胞膜上的抗原的个体变异。在鸡上已发现12种血型系统，每一种血型系统由很多对复等位基因控制。在鸡的血型中以B型系统研究最多，它对生产性能、生活力的影响大大高于其他血型系统。

应用：①根据血型可以对产蛋量等生产性能进行早期鉴定，加快选种进程。②抗病育种：如B21血型的蛋鸡品系，抗马立克氏病及一般疾病能力较强。③品系配套：利用血型基因频率分析种群间的遗传关系（如遗传距离），为品系配套提供参考而不必进行杂交试验。

2. 蛋白多态　目前研究较多的蛋白多态有前白蛋白、后白蛋白、转铁蛋白、碱性磷酸酶、淀粉酶、酯酶等。

应用：利用蛋白多态标记基因，研究群体间的遗传结构，为品系配套提供一定信息。

四、伴性性状

伴性性状是指由性染色体上的性连锁基因所决定的性状。由于W染色体很小，位于该染色体上的基因数量较少，鸡的Z染色体较大，位于该染色体上的基因数量多，人们对其研究也比较充分，因此在大多数情况下性连锁基因特指位于Z染色体上的基因。通过细胞遗传学和分子遗传学的研究，很多基因和遗传标记位点被确定位于 Z 染色体上。家禽育种中利用较多的性连锁基因有快慢羽、金银羽色和矮小型基因。

（一）快慢羽速（羽毛生长速度）

用 *k* 和 *K* 分别表示快、慢羽，用快羽（双隐性）公鸡和慢羽（显性）母鸡杂交产生的雏鸡可根据羽速自别雌雄。

1. 遗传方式 快羽♂×慢羽♀

Z^kZ^k（快羽）♂×Z^KW（慢羽）♀

↓

交叉遗传 Z^KZ^k（慢羽）♂ Z^kW（快羽）♀

2. 初生雏的羽速识别

（1）时间 出壳 24h 内。

（2）部位 翼尖部。

（3）表现 快羽型，主翼羽长于副主翼羽 2mm 以上。慢羽型，等长型、倒长型、主未出型、主微长型。

羽毛生长速度，除上述快慢羽性连锁基因外，8 周龄雏鸡有一个显性常染色体基因可使雏鸡背部羽毛生长良好，肉仔鸡需要这种性状；此外，还有裸体鸡，从出生到长大，身上都无羽毛，裸羽对常羽为隐性且是伴性遗传的。

（二）金银羽色

利用伴性羽色基因来实现雏鸡自别雌雄，用 *s* 和 *S* 分别表示金黄色、银白色，比快慢羽自别雌雄更方便，比翻肛更准且快。

遗传方式： Z^sZ^s（金黄色）♂×Z^SW（银白色）♀

↓

交叉遗传 Z^SZ^s（银白色）♂ Z^sW（金黄色 ）♀

（三）矮小体形

1. 家禽矮小体形的基因分类 鸡的体形在一些单基因的作用下可以变得矮小，包括常染色体上的矮小基因 *adw* 和性染色体 Z 上的基因 *dw* 和 *dwB*。其中研究最多的是性连锁矮小基因 *dw*，*dw* 是几种矮小基因中唯一一种对鸡本身无害，且对人类有利的隐性突变基因。常染色体上包含 4 种基因，即 *Cp*、*td*、*adw*、*Z*。其中 *Cp* 会半致死，引起软骨不正常发育；*td* 会半致死，使甲状腺机能减退，如太和鸡；*adw* 会使成年鸡体形缩小；*Z* 会使胫骨变短，对正常型为显性，如 *Bantam*。性染色体上，*dw* 对正常型为隐性，在所有矮小体形中，目前对 *dw* 的研究和利用最多。

2. *dw* 基因的作用 使长骨缩短显著，而对各种扁平骨的影响很小。对出壳重影响不大，但随年龄增长对体重不断产生影响，8 周龄减轻 5%～10%；

25～35 周龄减轻 15%～25%，成年时公鸡减轻 40%，母鸡减轻 30%；使轻、中型鸡产蛋量降低 5%～10%，对重型鸡无影响，甚至有些提高；使蛋重降低 5%～10%，选育后小于 2%，提高孵化率 5%～10%，尤其是肉用鸡提高明显；饲料消耗方面，重型鸡降低 20%～30%，轻型鸡降低 10～20%。总之，随着鸡体重的减少，饲料节省 20%～30%，还可增加饲养密度，提高房舍利用率，达到降低成本的目的，故 *dw* 基因应用广泛。

3. *dw* 基因的应用　目前，世界上许多国家都已有 *dw* 鸡品系，尤其是应用在肉仔鸡的母本上。目前，也有了 *dw* 蛋鸡品系。我国也已培育出了 D 型矮洛克鸡和黄羽矮脚鸡。母本矮小化可降低饲养成本而不影响肉仔鸡的体重，使生产更为经济。

（1）遗传方式

$$Z^{dw}Z^{dw}\text{（矮小型）}♂ \times Z^{Dw}W\text{（正常型）}♀$$

$$\downarrow$$

$$Z^{Dw}Z^{dw}♂\text{（正常型）}♂ \qquad Z^{dw}W\text{（矮小型）}♀$$

（2）应用　*dw* 基因在蛋鸡上的应用较为成功。蛋重和产蛋量的不利影响可以通过育种措施来弥补，如矮小型褐壳蛋鸡、浅褐壳蛋鸡。矮小型鸡作为肉用种母鸡，耗料少、产蛋量多、种蛋合格率高、孵化率好，如 D 型矮洛克鸡、黄羽矮脚鸡。

（四）横斑（芦花）的遗传

横斑由显性基因 *B* 控制，其效应能冲淡羽毛黑色素使呈黑白相间横斑状斑纹。

五、主要经济性状遗传力

鸡的各数量性状遗传力的估计值，依鸡群姿态和饲养管理情况及估计方法有所不同，但是每种性状遗传力一般在一个范围内，如蛋重遗传力一般为 0.4～0.7，初产日龄遗传力为 0.2～0.4。家禽主要经济性状遗传力的大致平均数见表 3-1。

表 3-1　家禽主要经济性状遗传力的平均数

性状	遗传力	性状	遗传力
肉仔鸡 8 周龄体重	0.45	成鸡成活率	0.10
体深	0.25	蛋型	0.40
成鸡体重	0.55	蛋重	0.55
受精率	0.05	蛋白质量	0.25

（续）

性状	遗传力	性状	遗传力
产蛋量	0.25	初产日龄	0.25
受精蛋孵化率	0.15	血斑	0.15
雏鸡成活率	0.05	胸骨长	0.20
壳厚	0.25	胸肌	0.30

意义：了解家禽的各种数量性状遗传力，可以帮助我们掌握各种数量性状的遗传情况，针对性地采取不同的选种方法，提高育种工作的效率。例如，体重、蛋重遗传力较高，个体表型值选种就能得到较好的效果；产蛋量、受精率、孵化率及成活率等遗传力低，个体选择不太可靠，需根据家系选择或者通过杂交来提高。

六、其他性状遗传力

（一）冠型遗传

冠型是鸡品种的重要外貌特征之一，主要有 3 种：玫瑰冠、豆冠、草莓冠。

冠型主要涉及 2 个基因，玫瑰冠基因为 R，豆冠基因为 P，均为显性。当这 2 个位点均为隐性纯合子（rrpp）时表现为单冠，而当 R 和 P 同时存在，由于基因的互补作用表现为胡桃冠。因此，当纯合玫瑰冠与纯合豆冠鸡杂交时，F1 代均为胡桃冠，横交后 F2 代出现的胡桃冠、玫瑰冠、豆冠和单冠 4 种类型，比例为 9∶3∶3∶1。

（二）羽色遗传

1. 白羽的遗传　白羽是肉禽育种的一个重要性状，分为两大类：显性白羽（白来航）和隐性白羽（白科尼什与白洛克，已显性化），见表 3-2。

表 3-2　白羽种类和基因型统计

种　类	基因型	说明
显性白羽	I _ C _ O _ P _ A _	只要含有一个抑制色素基因 I，就显白羽；当 II 时，完全白羽；当 Ii 时，白羽有黑色或褐色的刺毛
显性白羽	I _ ccO _ P _ A _	
显性白羽	I _ ccooP _ A _	
隐性白羽	iiccO _ P _ A _	缺乏色素原基因，如白温多德
隐性白羽	iiC _ ooP _ A _	缺乏氧化酶基因，如白丝毛鸡
隐性白羽	iiC _ O _ ppA _	抑制色素表现，如红色飞花白鸡
隐性白羽	iiccO _ P _ aa	白化，缺乏色素，不含色素原

2. 黑羽与其他有色羽的遗传　据研究，黑羽是色素原与氧化酶氧化反应最终产物的色泽，其他有色羽（褐羽、浅黄羽、红羽）为其中间产物的色泽。黑羽基因型为CCOOEE，如黑狼山、黑奥品顿、澳洲黑等。有色羽基因型中含有一对限制色素扩散的基因型（ee），但对颈、翼和尾部大羽不能限制而出现黑羽。遗传因素：显性白＞黑羽＞有色羽＞隐性白。

（三）肤色遗传

遗传因素：白肤（W）显性＞黄肤（w）隐性

区分：由于叶黄素在皮下沉积较迟缓，要到10～12周龄才能区分黄、白肤色。

黑肤：含有黑色素的细胞分布到全身结缔组织，包括骨膜和内脏，如白丝毛鸡。

遗传方式：通过试验发现白丝毛鸡含有一对显性细胞色素基因 PP 及深色胫基因 id，其基因型为PPid，可自别雌雄。

（四）胫色遗传

遗传因素：伴性淡色胫（Id）＞深色胫（id），胫色成因见表3-3。

Id：抑制真皮层黑色素的存在，而显黄、白或红白色。

id：使胫呈黑、蓝、青、绿等颜色。

表3-3　胫色成因

	真皮层无色素	真皮层黄色素	真皮层黑色素
表皮层无色素	白或红	浅黄	蓝
表皮层黄色素	黄	黄	绿、青
表皮层黑色素	黑	黑	黑

第三节　现代家禽育种原理和技术

一、育种原理

（一）确定合理的育种目标

在育种中改进哪些性状，这些性状各向什么方面发展，改进量是多少。

在鸡的育种计划中，最重要的决策是确定合理的育种目标。如果目标确定不当，遗传进展将向低效甚至错误的方向发展，从而导致育种公司在经济收益上的损失和市场竞争上的失利。

确定目标需要综合多方面要素做全面分析后，进行大胆决策，通常要考虑下面三大要素。

1. 市场需求　育种工作必须以满足市场需求为出发点。衡量育种工作成效的标准，不但要看每年的遗传进展，而且要看这种遗传进展满足市场需求的程度。

育种成果具有强烈的滞后性，育种群的遗传进展要经过多级扩繁体系的传递，经过2～3年才能在商品代中表现出来，因此育种决策者必须具备对市场需求的预测能力，分析判断近期、中期和长期的市场需求，并具备一定的冒险精神。

2. 现有育种群的状况 对育种的现状和发展潜力有全面的认识，包括各个纯系的性状均值、遗传参数（遗传变异和性状间的关系）、单基因性状特点（如快慢羽）、群体大小和结构、近交程度及纯系间的配合力大小等。通过对这些信息的综合分析，判断哪些具备潜力可以满足市场需求。如果现有育种群没有合适的素材，可通过外来育种素材的引进获得。确定素材之后，再根据群体的遗传特点和性状间的遗传关系，预测可能获得的遗传进展，使选育目标建立在可靠的物质基础上。

3. 竞争对手的产品性能 竞争中必须扬长避短，才能提高自己产品的市场份额。因此，必须对主要竞争对手的产品性能和发展趋势做出及时、全面、准确的了解，明确自己的优缺点。应从与主要竞争对手差距最大的重要性状着手，迅速弥补差距，而对一些优势性状则可减少一些选择，为其他有差距的性状取得更大的遗传进展创造条件。

（二）充分利用加性和非加性遗传效应

1. 利用加性遗传效应——选择 基因的加性效应值即性状的育种值，是性状表型值的主要成分。任何一个选育计划的中心任务，就是通过选择来提高性状的加性效应值（育种值），产生遗传进展。产生遗传进展的基本条件：变异是可以遗传和度量的，对一些不能直接度量的性状，则不可能直接选择。选择是以消耗群内加性遗传方差为代价，使群的育种值和表型值得到提高，在闭锁群内长期进行选择，将使群内加性遗传方差逐渐减少，遗传进展减慢。如果适时引入一定的外源基因，可以在不影响群体平均育种值的前提下，提高群内加性遗传方差，为进一步选择提供“原料”，这正是合成系育种理论的出发点。长期以来，人工选择是现代鸡种主要生产性能持续提高的主要手段。

2. 利用非加性遗传效应——杂交 在构成表型值的效应中，除了加性遗传效应外，还有两个重要的非加性遗传效应：显性（包括超显性）效应和上位效应。显性效应是相同位点不同等位基因之间的效应。上位效应是不同位点基因间的互作效应。

通过杂交生产商品鸡已成为现代育种的基本方式。育种工作不仅要提高纯系性能（加性遗传效应）值本身，同时也应最大限度地利用杂种优势，即非加性遗传效应。提高非加性遗传效应的方法：①配合力测定，筛选生产性能最好的杂交配套组合。②在纯系内同时提高纯种的育种值和杂种优势值。

（三）高强度选择

鸡本身的两个特点（高繁殖力、饲养成本低）为高强度选择提供了条件。高繁殖力可降低留种率，如果延长留种期，留种率可进一步降低。饲养成本低可保持很大的观察群。一般情况下一个纯系观察鸡数在3 000只以上，多的可达 10 000 只左右，为提高选择强度打下了基础。

（四）保持性状间的综合平衡

鸡有众多经济性状，因此在性状间形成了各种遗传相关和表型相关。育种者通过选择某些性状时，在同一遗传基础和生理背景下，其他一些性状也可能发生相关变化，其变化量取决于性状的遗传力及性状间的遗传相关等。育种中必须考虑到生物体的这种关联性，保持性状间的合理平衡，即平衡育种。保持性状间的平衡，一方面是针对选择性状间的遗传对抗（负相关），另一方面是克服自然选择的阻力。

性状间的遗传对抗有一定的域值。在一定范围内，两个性状可能向同一方向发展，或者其中一个保持稳定，另一个发生变化。如果对其中一个选择压过高，突破了域值，不但选择性状达不到预期的遗传进展，相关性状也会发生不利变化。

二、家禽的选择方法

（一）基本选择方法

1. 个体选择 根据个体表型值进行选择，适于遗传力高的性状，如肉鸡的体重选择。

2. 家系选择 根据家系均值进行选择，以家系为单位进行。适于遗传力低的性状，且要求家系大，家系成员表型值中的环境效应在家系均值中基本抵消。家系均值能基本反映家系平均育种值，如对产蛋量的选择。

家系：鸡育种中特指由一只公鸡与 10 只左右的母鸡共同繁殖的后代。鸡的家系选择又分为全同胞家系选择和混合家系选择。如对产蛋量这一限性性状，公鸡用同胞选择，母鸡用家系选择，两种方法对选择反应的影响几乎相同。

3. 家系内选择 根据个体的家系内离差进行选择，适于遗传力低的性状，要求家系间因共同环境造成的差异大。这种方法实际意义不大，但可降低近交机会。

4. 后裔测定 根据个体全部后裔的表型均值进行选择，这是早期育种中选择雄性的方法，选择准确性要优于同胞选择，但世代间隔太长，年遗传进展较低，加上时间安排上的困难，目前已很少采用。

5. 合并选择 兼顾个体表型值和家系均值进行选择，还可以综合亲本方面的遗传信息，制定一个包括亲本本身、亲本所在家系、个体本身、个体所在家系成绩等在内的合并选择指数。用指数值代表个体的估计育种值。

（二）多性状选择法

鸡育种实践中，需要同时选择多个性状，以保证鸡主要生产性能的全面提高。

1. 顺序选择法 即在一个世代只选择一个或几个性状，下一世代再选其他性状，依次对需要改进的性状进行选择。

这种方法对某一性状来说，选择后的遗传进展在当时较快，但要提高多个性状，则需要花费较长时间，更重要的是没考虑性状间的相关性，违背了平衡育种的原则，很可能顾此失彼。

如果不是在时间上进行多性状的顺序选择，而在空间上分别选择，即在不同纯系内重点选择不同的性状，然后通过杂交把各系的遗传进展综合起来，则是合理的。

2. 独立淘汰法 对各个待选性状制定一个淘汰标准，个体或家系只要其中一项指标未达标就被淘汰。

鸡育种中，独立淘汰法仍有较强的实用性。由于要选育的性状较多，不可能对每个性状都进行准确的遗传分析。一般对一些不是最重要的，但又必须加以改进的次级选育性状采用独立淘汰，但选择压不能过高，最常见的有受精率、孵化率、成活率甚至肉种鸡的产蛋量等性状，根据选育目标和纯系的特点制定一个基本的淘汰标准，达不到此标准的家系均在做其他性状选择之前就将其彻底淘汰。此法可有效地克服自然选择对人工选育的抵抗，保持这种性状的基本稳定或略有改进。但必须掌握好淘汰标准的尺度，太严会影响重点性状的改进，太宽则起不到积极的作用。

3. 综合选择法 将多个性状值综合在一起进行选择。①最简单的综合选择方法是合并性状。这种方法简单易行，但有时因掩盖了构成性状的遗传特点而影响了性状的遗传改进，而且能合并的性状只有少数。②综合选择指数法是以使选育群的经济价值达到最大改进为目标，根据性状的遗传力、经济加权值和性状间的遗传相关等制定出综合选择指数，计算出每个个体的指数值（复合育种值），然后进行选择。此法是常用的选择方法。

（三）家禽选择的依据

（1）根据外貌与生理特征的选择与淘汰种用雏禽、种用育成禽、成年种禽产蛋能力的选择与淘汰，通过触摸腹部、换羽、色素变换等选择。

（2）根据记录成绩（系谱、本身、同胞、后裔）的选择与淘汰。

三、纯系选育

（一）纯系

1. 概念　育种群在闭锁继代选育 5 代后，有利基因的频率逐渐增加，不利基因的频率逐渐下降，形成了遗传上比较稳定的种群，就可称为纯系，简称系。纯系由许多家系组成，因此家系是纯系的基本构成单位，决定纯系的规模和遗传结构。

2. 培育纯系的目的

（1）选择提高性状的育种（加性效应）值，是整个育种工作的基础，纯系获得的遗传进展通过杂交繁育体系传递给商品代，成为商品代生产性能持续改进的动力。

（2）提高纯系的基因纯合度，将来可以增加杂种优势（非加性效应）。

3. 纯系配套　通过配合力测定，筛选出符合育种目标要求的纯系组合，这一特定纯系组合构成配套系。配套系一经确定，在一定时间内要保持稳定，直到现有配套系已不能满足育种目标的要求，推出新的配套组合为止。

例如，Ⅰ、Ⅱ、Ⅲ、Ⅳ、Ⅴ共 5 个纯系，如果完全随机组合可产生 60 种不同的三系配套组合。但实际育种中，不同纯系按特定的配套位置设定了重点选育方向以及羽色、羽速等特征，不需要对这么多的杂交配套组合做配合力测定。

（二）纯系选育方法

1. 近交育种　在 20 世纪 50 年代常用，用近交法培育纯系时一般先连续进行 3～4 代全同胞交配，近交系数达 50%左右，然后转入轻度的近交，育成近交系。缺点：由于高度近交，鸡的生活力和产蛋量下降，近交系本身生产性能不高，还要淘汰退化严重的近交系，需要大量人力和物力。优点：近交系杂交时，可产生显著的杂种优势。

2. 闭锁群家系育种　也称为纯系内选择，用闭锁法培育纯系时，首先闭锁鸡群，不引进外源，在避免全同胞和半同胞交配的前提下，随机配种，这种育种方法主要是通过细致的选择使优良基因逐步纯合化。闭锁群育种虽然也需要大量鸡群进行细致的选种、记录和测定工作，但比培育近交系花费要少，目前用得较多。

（1）基础群的选择　育种的基本素材是基础群，目前可用纯系（包括曾祖代）、祖代、父母代和商品代鸡。纯系来源少，引进价格非常高，一般继续做闭锁选育。祖代和父母代是非常重要的育种素材，引进成本低，遗传基础好，通过合理的选育，可以较快地培育出纯系。商品代在培育纯系中的利用价值较低，特别是褐壳蛋鸡和肉鸡，其商品代为品种间杂种，分离较为严重，毛色、体形等特征很难提纯，而白来航商品蛋鸡为品种内纯系间杂种，容易提纯，因此可以作育种素材，如北京白鸡Ⅲ系就是从雪佛公司的星杂 288 商品代中选育出的优秀纯系。

（2）纯系规模　取决于纯系内家系的数目及多个家系的大小。理论上证明了纯系规模越大，每代的遗传进展相对越高，但当规模达到一定程度后，遗传进展的增量有限。随着纯系规模的增加，育种工作量也随之增加。因此，在实际育种工作中，纯系规模并非越大越好，应根据育种需要和育种成本来合理确定。

一般情况下，每个纯系应有 60～100 个家系，每个家系按 1：（10～12）组配，每只母鸡留下 4～6 只母雏、2～3 只公雏，产蛋观察群的规模为 2 000～5 000只母鸡，后备公鸡1 000只以上。公鸡留种率为 10％以下，母鸡留种率为 30％以下。在一些大型育种公司，公鸡的留种率为 1％以下，母鸡为 10％左右。

（3）纯系选育程序　适用于蛋鸡。下面以选 25 个家系（1♂：5♀）为例说明。

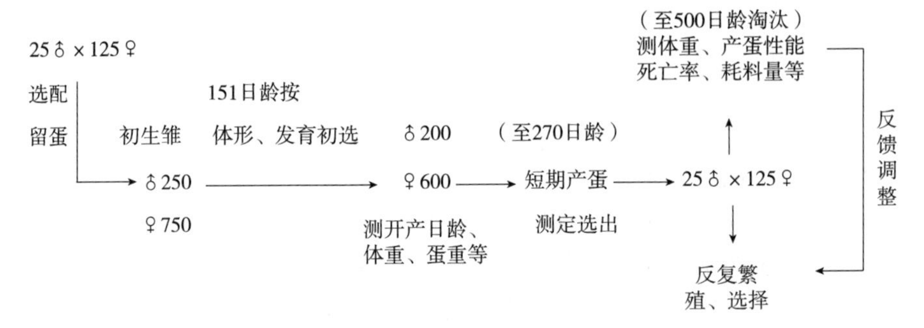

3. 正反反复选择法　简称 RRS 法，把纯繁与正反杂交结合起来，然后根据杂交种的性能选出优秀的亲本再纯繁、杂交，如此反复进行，不断提高纯系和两系间的配合力，从而提高两系鸡的性能。杂种鸡只为纯系鸡的选种提供测定资料，用后淘汰。采用这种方法比保持两个近交系花费少，且能持久地保持两系间的杂种优势。以前的做法是一年正反交，一年纯繁，反复进行，世代间隔长；后来改良为正反杂交和纯繁在同一年度进行，把时间缩短一半，如此每年反复即可育成具有高度杂种优势的两个配套系。

RRS 法的应用：①只适用于低遗传力性状，而且杂种与纯种间的遗传相关低。与纯系内选择相比，RRS 能更有效地利用杂交优势，但对纯系生产性能的改进明显差于纯系选择。②目前的杂交繁育体系一般都是三系或四系配套杂交，而 RRS 法只适用于二系杂交，在需要特别改进杂种优势或在纯系选择出现停滞现象时，RRS 是值得一试的方法。

4. 合成系选育　合成系是指两个或两个以上来源不同，但有相似生产性能水平和遗传特征的系群（可以是纯系，也可以是祖代或父母代等），杂交后形成的种群，经选育后可用于杂交配套。

合成系育种重点突出主要的经济性状，不追求血统上的一致性，因而育成速度快，不同来源的种群合成后，有可能将不同位点的高产基因汇集到一个合成系中，提高性状的加性效应值，增加遗传变异，为进一步的闭锁选择打下基础。因此，育种过程中的"合成"与"连锁"不是完全对立的，而是两个相辅相成的环节，是长期选育动态过程中的不同阶段。纯系不可能永远闭锁下去，当选育达到一定程度后，群内遗传变异减少，进展缓慢，此时应考虑利用与本系有相同选育目标和遗传特征的高产系群进行合成。合成系通过选育，在提高生产性能的同时，也提高了纯度，经过 4～5 代系统选育，也可能发展成为纯系。

选育合成系主要是用它作为配套系的一个亲本，一般只作母系，父系一定要用纯系，这样才能产生强大的杂种优势。

（三）选配

选种后做的一项重要工作是选配。在鸡纯系选育中，最常用的选配方法是在避免全同胞和半同胞交配前提下，进行随机交配，选中母鸡的同胞姐妹尽可能避免进入同一新组家系。有少数育种场采用同质选配，即用最好的公鸡与最好的母鸡相配，以便在后代中巩固和发展其特点，培育出优秀的专门化品系，此种方法使近交率增加，且遗传变异相对减少，长期选择时遗传进展很快就会衰竭。

（四）家系含量的优化控制

尽管每个家系的亲本数均相同，但产蛋量、受精率、孵化率以及后代雏存活率在不同家系间可能出现差异，造成各个家系测定鸡数的不同。育种值高的家系可能留下较少的后代，而育种值低的亲本，可能留下较多的后代，故需要人为措施去影响家系含量，使优秀家系的成员更多地进入育种观测群，使较差家系的成员在育种观测群中所占比例降低，从而使家系含量分布向合理的方向转变，可以使育种群获得更大的遗传进展。

具体方法：①根据中选亲本的育种值，设计每个家系的优化含量。②在入孵种蛋、出雏、育雏育成阶段充分照顾高育种值家系后代，使之在各阶段占有较大比例，但对低育种值家系的后代数量也控制在一定水平。淘汰育雏育成鸡时要考虑家系来源，凡是优秀家系后代，只要生长发育正常都应留下来。

四、育种技术

（一）个体输精与系谱孵化

选种后做继代繁殖时，公鸡均采用个体输精，以确保系谱的准确性。如果在此前中选母鸡做过人工授精或自然交配，则必须间隔较长时间（10d 或 15d 以上），并用中选公鸡连续输精多次后才留作种用。在肉鸡育种中如采用地面平养，常用小间繁殖，每个小间饲养一个家系。

留种期间，每枚种蛋上都须标明所属家系及母鸡号，然后进行系谱孵化，在出雏期前，应将每个全同胞家系种蛋集中到一个出雏笼或出雏袋内集中出雏，并对每个雏鸡分别编号。

（二）个体标记

育种过程中，必须对育种群的每个个体进行准确的标记，才能明确相互间的亲缘关系，建立完整的系谱，作为选种并计算近交系数的依据。

个体标记必须在系谱孵化出雏时进行。常用 6 位号码：第 1～2 位代表家系公鸡序号，第 3～4 位代表与配母鸡序号，第 5～6 位代表全同胞序号。

如果纯系较多，可在前加 1 位数代表纯系，或用不同颜色的翅号表示纯系或年度。戴翅号时注意：①号码外现；②穿刺点不能太靠骨骼或边缘（肱骨与桡骨前侧三角区无血管网的翅膜）。

（三）育种记录

以个体为基本记录单位，用专用表格（以前）记录，现在常用一些电子数据记录系统（无纸化）。基本育种记录应包括以下内容：

（1）系谱孵化记录　公鸡号、与配母鸡号、入孵蛋数、未受精蛋数、出雏数、健雏数、后代雏鸡的翅号等内容，计算出家系受精率、孵化率、健雏率等，有时还有雏鸡羽色和羽速等。

（2）生长发育记录　生长期不同周龄的体重、死亡率，肉鸡育种中还包括体形测定、腿部评分、羽毛覆盖等。

（3）屠宰测定记录。

（4）母鸡个体产蛋记录　翅号、笼号、每日产蛋情况、破蛋、软蛋、畸形及死亡等，定期测定蛋重、体重、耗料、蛋品质等，最后总结为每只母鸡的基本生产性能。

（5）公鸡繁殖率测定记录　选种前测公鸡的精液品质和受精率。

（6）新家系组成　记录选种后组成新家系的基本情况，包括公母鸡组成、翅号及生产性能等，同时转入系谱资料库，建立系谱档案。

（四）育种工作中的非遗传措施

1. 疾病净化　由于育种群处于繁育体系的顶端，必须控制经蛋传播的疾病，以减少种鸡及商品鸡生产中死亡及生产性能下降，如应当彻底净化白痢、白血病等。一些国际著名育种公司对此非常重视，配有高水平的兽医专家团队及先进的诊断设备。

2. 防疫与消毒　这是保证育种鸡群生产性能充分发挥的重要措施，也影响所产雏鸡的内在质量，如制订严格的防疫条件；工作人员入场前淋浴、更衣；严禁外来人员进入；进出车辆物品需彻底消毒；设计时远离人口集中地及其他畜禽场。

3. 环境控制　良好而稳定一致的环境条件有利于个体充分表现遗传潜力。保证提供适合鸡生理要求的温度、光照、通风等条件，条件好的育种公司采用正压过滤空气的密闭式鸡舍，有效地预防经空气传播的疾病。

4. 营养与饲料　营养不足或饲料中毒可能使育种鸡群生产力下降，甚至造成死亡，不仅降低选择准确性，而且可能影响到育种群的继代选育。因此，高质量的饲料也是育种工作的重要保障措施之一。

第四节　鸡的育种程序

一、蛋鸡育种

（一）育种素材的搜集

搜集具有不同特点的鸡品种、品系或群体，是培育现代商品杂交鸡的基础，这项工作称为建立基础群。现代家禽育种公司都建有很大的基础群，以便根据市场的需求，不断育成新的“纯系”，基础群一般都保有几十个以上的群体。建立基础群的主要目的是保留某些基因，群体数宜多而每个群体规模不宜过大。为防止某些基因丢失，基础群一般不做选择，并多留公鸡。

为了不断充实育种素材，经常从其他农场或科研教学部门引进优秀的种鸡甚至商品鸡，进行各种性能观测。若对于具有某些特点（如符合市场需要）的群体，立即转入改良群进行纯系选育或杂交育种；对于暂时用不上的群体也作为一个素材保留下来备用。

（二）纯系选育

1. 蛋鸡的选育性状　蛋鸡生产的产品单一，但影响生产效益的因素很多，因此必须在育种中加以全面考虑。

（1）产蛋数　相关性状有开产日龄、高峰产蛋及产蛋持久性。

（2）蛋重　考虑平均蛋重外，还要考虑蛋重增加曲线形态，应做多阶段测定。

（3）饲料转化率　相关性状为体重、产蛋量等。目前以间接选择为主，发展趋势是直接选择。

（4）蛋品质　包括蛋壳强度、颜色、质地、蛋形、蛋白高度等。

（5）自别雌雄性状　如对羽色羽速做选择和监测。

（6）成活率　育雏育成期成活率和产蛋期成活率。

（7）受精率和孵化率。

（8）监控性状　成年羽色、肤色、习性、粪便干燥度、产蛋期末体重等。

2. 纯系选育方向　纯系在配套系中所处位置不同，应当采用不同的选育方向。蛋鸡选育重点是考虑产蛋数和蛋重这两个性状的平衡，其他的选育性状在不同纯系中都应保持适当选择。

（1）两系配套　父系的选择侧重产蛋数。母系的选择侧重蛋数，因蛋重具有较强的母体效应。为适应这一要求，可采用约束指数进行选择，也可在对次要性状做松弛独立淘汰后，再侧重于重点性状的选择。

（2）三系配套　A×（B×C），第一父系（B）的选择应兼顾产蛋数和蛋重（产蛋总重），第二父系（A）的选择可侧重于产蛋数，母系（C）的选择侧重于蛋重。

（3）四系配套　（A×B）×（C×D），D系侧重于蛋重，C系兼顾产蛋数和蛋重，A和B系都侧重于产蛋数。

四系配套与三系配套从生产性能来看没本质差异，纯系选育也与三系配套时相同。

3. 纯系配套　蛋鸡的纯系配套除了考虑主要生产性能之外，还要考虑雏鸡的自别雌雄。由于翻肛鉴定性别容易使雏鸡卵黄囊破裂，并造成疾病的水平传播，因此自别雌雄配套系很受欢迎，成为蛋鸡纯系配套的方向。

（1）白壳蛋鸡　均属于单冠白来航品变种，可用羽速自别雌雄。

（2）褐壳蛋鸡　利用羽色和羽速自别雌雄，因而纯系在配套组合中的位置是比较固定的。纯系选育时必须按各自在配套系中的位置确定合理的选育方向。

褐壳蛋鸡商品代目前几乎均利用金银色羽基因（S/s）自别雌雄，其父母代也可利用羽速基因（K/k）自别雌雄，形成双自别体系，例如，

褐壳蛋鸡中慢羽基因对生产性能基本上没有不利影响，因此快慢羽配套系是可能推广的。银色基因对产蛋性能和孵化率等略有不利影响，但在商品代中，银色羽个体均为公雏，全部淘汰，因此不会影响到商品代的产蛋性能。

（3）浅褐壳蛋鸡　有两种配套模式。

①白来航♂×洛岛白♀　可方便地进行羽速自别雌雄，已形成正规的三系或四系配套模式，来进行商业推广。

②洛岛红♂×白来航♀　俗称红白杂交，在我国基层单位很普及，在商品代可根据羽速自别雌雄。

二、蛋鸡选育制度

（一）早期选择

产蛋数是蛋鸡育种中最重要的选育性状，与实际生产要求相吻合的产蛋数性状是72周龄的产蛋数。若记录完整72周龄产蛋数再做选择，不但世代间隔长，而且母鸡已进入产蛋低谷，蛋品质、受精率和孵化率均大幅度下降，严重影响育种群的继代繁殖。早期记录与完整记录是部分与整体的关系，它们之间的遗传相关可达较高水平（0.6～0.8）。因此，长期育种实践中，一直沿用40周龄左右累计产蛋数作为选择指标，通过早期选择来间接改良72周龄产蛋数，理论与实践都证明，对产蛋数做早期选择是成功的。对蛋重和蛋品质等性状也可以采用早期选择。因此，早期选择成为蛋鸡育种的基本选择制度。

1. 早期选择的优点

（1）缩短世代间隔　用完整记录（72周龄）产蛋数做选择时，世代间隔为85周龄左右，而早期选择的世代间隔为52周，缩短33周，年遗传改进量优于直接完整选择。

（2）有利于留种　早期选择后留取继代繁殖用种蛋时，公母鸡仍处于繁殖旺盛期，可在较短时间内留取足够的种蛋，以减少孵化批次，保证较高的选择压。

（3）每年一个世代　早期选择时一般都把世代间隔控制在一年，使每年的育种群处于相对一致的环境下，便于鸡群周转、生产管理和环境控制。

（4）减少育种费用　由于记录个体产蛋数的时间大幅度缩短，降低了收集育种数据的费用。

2. 早期选择的缺点　产蛋数主要受3个因素制约，即开产日龄、产蛋高峰和高峰后的持续性。40周龄产蛋数与开产日龄和41～72周龄产蛋数的相关系数分别为−0.8和0.5左右，而72周龄产蛋与这两个性状相关系数分别为−0.2和0.9左右，因此，选择40周龄产蛋数将使开产早的个体获得过高的选择优势，但不能准确地鉴别产蛋中后期表现优秀的个体。此外，41～72周龄产蛋数占72周龄产蛋数的60%以上，因此，其选择重要性远比开产日龄大。

一般情况下，常规早期选择的实际结果是开产日龄过度提前，产蛋高峰有缓慢提高，但产蛋中后期持续性不好，没有使72周龄产蛋数得到最佳的改进。

3. 早期选择的改进

（1）用23～40周龄或25～48周龄产蛋数作为优化早期选择性状，舍去开产初期的产蛋记录，优化选择性状与41～72周龄产蛋数相关系数提高到0.88，与开产日龄相关系数只有−0.06。

（2）利用早期产蛋记录预测中后期产蛋成绩。由于产蛋过程有一定规律性，从正常产蛋曲线来看，高峰以后产蛋量呈近似直线下降趋势。利用这一特点，取32周龄（高峰期）以后各周的产蛋量记录，配合直线回归方程，预测41～72周龄产蛋数，可得估计的72周龄产蛋数，再做出选择，一般可获得比用40周龄产蛋数做选择更好的结果。但如果遇到产蛋曲线不正常变化时，不用此法。

（二）两阶段选择

1. 目的 常规早期选种时，产蛋量的选择准确率只有60%左右，即便是用改进方法，准确率也很难超过70%。为解决产蛋量选择中世代间隔与选择准确率的矛盾，可采用两阶段选择，即"先选后留"与"先留后选"相结合的方法。早期选择法称为"先选后留"。

2. 核心 是利用早期产蛋记录做第一次粗选后，一方面继续做产蛋的个体记录，另一方面组建新家系繁殖下一代育种群。可以在空间上把中后期的产蛋记录与后代育雏期的重叠起来，等到下一代转入产蛋鸡舍前，亲代育种观察群已有68周龄左右的产蛋测定成绩。根据这一成绩对育种群做第二次选择，只有来自中选家系的后备鸡才能进入下一代育种观察群，做个体产蛋成绩测定。这样，可以在保持早期选择优越性的前提下，大幅度提高准确性。

3. 选择压的分配 两阶段选择中一个重要的问题是选择压的分配。若第一次留种率过大，则大幅度提高育种成本；而第一次留种率很低，而第二次选择留种率很高时，则很难有效地提高选种准确率。故实际应用时需要结合育种群的实际情况、育种成本及饲养条件的限制等因素进行具体计算分析。

两阶段选择一般模式：

（1）公鸡的选择 第一次选种时选留雄性的数量决定新建家系数，不能过多。因此，雄性的选择偏重于第一次选择。如纯系规模中确定每代组建100个家系，则第一次选择时可选出120只雄性，组建120个家系；第二次选择时，根据全期产蛋成绩淘汰其中20只雄性及其组成的20个家系。因此，提高雄性的早期选择的准确率至关重要。如利用改进的早期选择法，按雄性家系平均成绩选择。

（2）母鸡的选择 第一次选择雌性的留种率可放大1倍。第二次选择时根据全期产蛋成绩淘汰50%的第一次选择中选母鸡及其后代。

（3）组建新家系 第一次选择后应组建新家系。由于中选母鸡放大1倍，公鸡只增加 20%，因此每个新家系的公母比例要加大到 1∶（18～20），这样，对公鸡的精液品质要求更高，应事先进行测定和训练。新组建家系仍应避免高度近交。

（4）家系后代的选留

①新一代公雏选留　第一次选择时早期成绩最好的前 10%家系才留公雏，其余第一次中选家系均不留公雏。第二次选择时只要这些公雏的亲本家系成绩较好（如前 20%），均可选留。

②新一代母雏选留　在上笼前根据亲本第二次选择结果确定是否选留。若亲本公鸡落选，则整个家系的后备母鸡全部淘汰，若亲本公鸡中选而母鸡落选，则来自该母鸡的后代淘汰。

4. 优缺点　优点：两阶段选择法除有利于产蛋量的选择外，也可在选择中考虑产蛋中后期的蛋重、蛋品质、耗料量、体重等性状，使这些性状的改良向着符合育种需要的方向发展；而且第二次选择后淘汰的育成鸡可转到种鸡场使用。缺点：选种准确率不高。

三、肉鸡类型与配套系生产

现代肉鸡育种在近半个世纪的发展过程中取得了惊人的成绩，现在饲养期 40d 以下体重就可达到 2kg，饲料转化率也大幅改进。从市场需要来看，发展中国家仍以整鸡为主，而发达国家已转向分割鸡和深加工鸡肉，这就要求肉鸡育种时要改善屠体性能，尤其是提高胸腿肌肉产量。目前主要有以下几种白羽快大型肉鸡配套：

1. 标准型　是目前早期生长速度最快的肉鸡，也是我国最主要的肉鸡类型。选育上以提高早期增重速度为主，只测量胸角，一般不作屠宰测定；重视母系产蛋性能的提高，以降低雏鸡成本；父母代母系可以羽速自别雌雄。

2. 高产肉（率）型　适应欧美市场。其早期生长速度略慢于标准型，饲料转化率也略低。但产肉率高，其分割肉产量各项指标均优于标准型。这类种鸡的产蛋能力相对较差，且肉仔鸡的腿病发生率较高。

3. 羽速自别型　商品代肉仔鸡可用羽速自别雌雄，可以公母雏分开饲养，并在各自最佳的日龄上市，利于提高饲料转化率和均匀度，适合作快餐用鸡。选育与标准型没有根本区别。

4. 优质型　按外貌和生长速度分为特优型（土鸡）、中速型和普通型。

此外，肉鸡育种还有一个特点，即打破原有配套组合，根据需要用不同育种公司的父系和母系来组合配套。如用彼得逊公司的父系与 AA（爱拔益加）公司的母系来配套生产商品代肉鸡，是美国很普及的一种配套组合。这种做法的确可能获得比鸡种原有配套更高的生产水平。故大型育种公司每年都要进行广泛的试验，从不同鸡种的交叉组合中筛选出最适合自己需要的配套系。

四、肉鸡选育性状

1. 肉仔鸡选育性状 主要有以下13个：①早期增重速度（体重）；②产肉率（胸腿肉比率）；③饲料转化率；④腿部结实度和趾形；⑤死淘率；⑥胸囊肿；⑦腹脂沉积量；⑧龙骨曲直；⑨羽毛生长速度；⑩肤色；⑪羽色；⑫羽毛覆盖度；⑬体形结构的其他缺陷。

在选育时，必须对所有性状做综合考虑。但在标准型肉鸡选育中，以早期增重速度和饲料转化率为重点；而高产肉型肉鸡选育中，以产肉率、早期增重速度和腿部结实度为重点。

2. 种鸡选育性状 主要有7个方面：①产蛋量；②蛋重；③开产日龄；④蛋品质；⑤受精率；⑥孵化率；⑦死亡率。

五、肉鸡选育程序

（一）父系选育

1. 选育性状 以早期增重速度、配种繁殖能力、产肉率和饲料转化率为主，兼顾其他性状。方法上以个体选择为主，在繁殖性能和饲料转化率等方面结合家系选择进行。

2. 选育程序 由于肉鸡的主要性状是在不同年龄表现出来的，因此要分阶段选育。选种时，不但要求在各阶段选择中对选择压进行合理分配，而且要根据性状间的遗传关系制定合理的选种标准。肉鸡父系选育的基本程序为：

（1）出雏选择 留健雏，纯系要求对羽色、羽速等进行选择。

（2）早期体重选择

①时间 以达到1.8kg体重的日龄作为选种年龄。

②性状 根据本身的体重、胸肌发育、腿部结实度、趾形等做个体选择，同时对部分个体做屠宰测定，根据测定结果对产肉率和腹脂做同胞选择。对死亡率做家系选择。

③选择压 此次选种的选择压最高，可达全部淘汰率的60%～80%。

（3）饲料转化率选择 饲料转化率的直接选择现在越来越受重视。但测定个体饲料消耗量费时费力，因此在实践中可以采用：①以家系为单位集中饲养在小圈内，测定家系耗料量，然后对家系平均饲料转化率进行选择；②按早期体重预选后，测定部分公鸡的阶段耗料量（单笼饲养），然后做选择。

（4）产蛋期的选择 根据体形、腿的结实度、趾形选择。

（5）公鸡繁殖力的选择　在25～28周龄，测公鸡采精量、精液品质等（平养还要测公鸡的交配频率），然后通过个体配种和孵化，测定母鸡的受精率、孵化率，对公鸡进行选择，淘汰公鸡繁殖力差的家系。

（6）产蛋量测定　在肉鸡父系中一般不对产蛋量进行直接选择，但需要以家系为单位记录产蛋成绩。对个别产蛋量下降（而使父系平均产蛋量退化或达不到选育目的）的家系，应淘汰掉，以保证增重和产蛋量之间的合理平衡。

（7）组建新家系、纯繁　一般可在30周龄左右组建新家系，公母比例为1∶10左右。这样，可在产蛋高峰时收集种蛋。种蛋入孵前按蛋形指数和蛋重进行严格的挑选。

（二）母系选育

1. 选育性状　主要是早期增重速度和产蛋性能，其次是腿部发育、腿部结实度、趾形、受精率等。

2. 选育程序

（1）出雏选择　留健雏，纯系要求对羽色、羽速等进行选择。

（2）早期体重选择

①时间　时间上比父系晚些，目前一般为6周龄左右，并结合体重确定具体时间。

②性状　根据本身的体重、胸肌发育、腿部结实度、趾形等做个体选择。

③选择压　此次选择的淘汰率可达总淘汰率的50%～70%。

（3）产蛋期前的选择　主要根据体形、腿脚状况进行个体选择。

（4）产蛋性能测定与选择

①测定性状　个体产蛋记录、蛋重和蛋品质。

②测定时间　母系选择必须做准确的个体产蛋记录，产蛋测定在开产后持续12～15周，40周龄前结束。

③选择方法　产蛋测定结束后，对母鸡按家系和个体成绩进行选择，公鸡按同胞产蛋成绩做选择。须注意的是，肉鸡产蛋量的选择与蛋鸡有所不同，并不是越高越好，而是注意保持与增重速度的协调发展。

④肉鸡产蛋性能测定方法在传统上采用自闭产蛋箱，有不少缺点，随肉种鸡笼养工艺的逐渐普及，用个体笼养测定肉鸡母系的产蛋性能应是发展趋势。

（5）公鸡繁殖力的选择　结合自身的繁殖力和同胞产蛋性能进行选择。在25周龄以后，测定公鸡的采精量、精液品质等，并通过孵化测定公鸡的受精率。

（6）组建新家系纯繁　在40周龄左右组建新家系，按1∶10个体配种后收集种蛋，做适当挑选后入孵，纯繁下一代育种群。

（三）增重与产蛋量之间的平衡

肉鸡母系的选育是肉鸡育种中的难题，特别是在平衡协调早期增重速度与产蛋量这对负相关性状上，需要较高的技术水平和育种经验。

1. 早期增重速度选择方法的改进 肉鸡母系的增重要求与父系不同，不是增重越快越好，而是要规定体重上下限，根据留种率来确定上下限。这种选择方法不但间接选择了产蛋性能，而且还直接选择了均匀度，是一种值得推广的方法。

2. 肉用性能的后裔测定 在给母鸡做产蛋性能测定的同时，可以同步繁殖一批肉仔鸡，在商品鸡生产条件下进行肉用性能测定，这批后代可以是父系与母系的杂交后代，也可以是母系的纯繁后代。在对母系做第一次体重选择时，可放松选择压，待产蛋测定结束时，再根据本身的体重、产蛋性能及后裔测定成绩进行综合选择，有可能选出增重速度与产蛋性能均较好的母系肉种鸡。

第四章　家禽的孵化技术

第一节　胚胎生物学

一、家禽胚胎孵化时间

禽类胚胎发育具有两个特点，即所需要的营养来自蛋，而不是母体，发育分母体内和母体外两个阶段。一般把家禽胚胎在体外发育成雏禽所需要的时间称为家禽的孵化期。

如表4-1所示，不同家禽的孵化期各不相同。家禽的孵化期受到种类、品种、蛋的大小、种蛋保存时间和孵化温度等多种因素影响，一般不同物种和品种间家禽的孵化期有所差异；蛋越大家禽的孵化期越长；种蛋保存时间越长，孵化期越长；孵化温度提高，孵化期缩短。

表4-1　各种家禽的孵化期

家禽种类	孵化期（d）	家禽种类	孵化期（d）
鹌鹑	17～18	鸭	28
鸽	18	火鸡	28
鸡	21	鹅	31
鹧鸪	24～25	瘤头鸭	33～35
珍珠鸡	26	鸵鸟	42

二、胚膜的种类和功能

胚胎发育早期形成4种胚外膜，即卵黄囊、羊膜、浆膜或绒毛膜、尿囊。虽然这几种胚膜都不形成鸡体的组织和器官，但是胚胎的营养、排泄和呼吸主要依赖于胚膜。

1. 卵黄囊

（1）发育　卵黄囊从孵化的第2天开始形成，第4天卵黄囊血管包围1/3

蛋黄，第 6 天包围 1/2 蛋黄；第 9 天几乎覆盖整个蛋黄表面。孵化第 19 天，卵黄囊及剩余蛋黄绝大部分进入腹腔；第 20 天已完全进入腹腔；出壳时约剩余 5g 蛋黄，6～7 日龄时被小肠吸收完毕，仅留存卵黄蒂（即小突起）。

（2）作用　卵黄囊内胚层细胞内有消化酶，能液化卵黄，具有提供营养的功能；卵黄囊内壁在孵化初期形成血管内皮层和原始血细胞，进而完成造血；在孵化的前 6d 主要靠卵黄囊给胚胎提供氧气。

2. 羊膜

（1）发育　羊膜在孵化的第 2 天即覆盖胚胎的头部并逐渐包围胚胎全身；第 4 天在胚胎背上方合并（称羊膜脊），并包围整个胚胎，而后增大并充满液体（羊水），第 5～6 天羊水增多，第 17 天开始减少，第 18～20 天快速减少至枯萎。羊膜表面无血管，但有平滑肌，第 6 天开始有规律收缩，波动羊水。

（2）作用　羊膜具有缓冲震动、平衡压力、保护胚胎免受伤害的作用。此外，羊膜也可以促进胚胎运动（避免粘连）并保持早期胚胎湿度。

3. 绒毛膜（浆膜）

（1）发育　绒毛膜与羊膜同时形成，孵化前 6d 紧贴羊膜和卵黄囊外面，后期由于尿囊发育与尿囊外层结合形成尿囊绒毛膜。绒毛膜透明无血管，不易被单独看到。

（2）作用　绒毛膜与尿囊膜融合在一起，帮助尿囊膜完成其代谢功能。

4. 尿囊

（1）发育　孵化第 2 天末至第 3 天初开始形成，由后肠形成一个突起，第 4～10 天迅速生长，第 6 天到达壳膜内表面，第 10～11 天包围整个胚胎内容物，并在蛋的小头合拢，以尿囊柄与肠连接。第 17 天尿囊液开始下降，第 19 天动静脉萎缩，第 20 天尿囊血液循环停止。出壳时，尿囊柄断裂，黄白色的排泄物和尿囊膜留在蛋壳的内壁。

（2）作用　尿囊表面血管发达，通过尿囊血液循环消化吸收蛋白和蛋壳中的矿物质，可吸收氧气，将胚胎肾脏产生的排泄物排出。

三、胚胎的血液循环路线

早期胚胎的血液循环主要含有卵黄囊血液循环、尿囊绒毛膜血液循环和胚内循环。卵黄囊血液循环指血液到达卵黄囊，吸收养料后回到心脏，再送到胚胎各部。尿囊绒毛膜血液循环指心脏携带二氧化碳和含氮废物到达尿囊绒毛膜并将其排出，然后吸收氧气和养料回到心脏，再分配到胚胎各部。胚内循环指心脏携带养料和氧气到达胚胎各部，而后从胚胎各部将二氧化碳和含氮废物带回心脏。

四、胚胎的发育过程

胚胎发育共分为发育早期、发育中期、发育后期和出壳 4 个时期。其中发育早期（鸡 1～4d、鸭 1～5d、鹅 1～6d）是内部器官发育阶段，种蛋在获得适合的条件后，重新开始发育，并很快形成中胚层。机体的所有组织和器官均由 3 个胚层发育而来，中胚层形成肌肉、生殖系统、排泄器官、循环系统和结缔组织；外胚层形成皮肤、羽毛、喙、趾、眼、耳、神经系统以及口腔和泄殖腔的上皮；内胚层形成消化器官和呼吸器官的上皮及内分泌器官。发育中期（鸡 5～14d、鸭 6～16d、鹅 7～18d）是外部器官发育阶段，即脖颈伸长，翼、喙明显，四肢形成，腹部愈合，全身被覆绒羽、胫出现鳞片。发育后期（鸡 15～19d、鸭 17～27d、鹅 19～29d）是禽胚生长阶段，即胚胎逐渐长大，肺血管形成，卵黄收入腹腔，开始用肺呼吸，在壳内鸣叫、啄壳。出壳（鸡 21d、鸭 28d、鹅 30～31d）即雏禽长成，破壳而出。

家禽胚胎发育过程相当复杂，现以鸡的胚胎发育为例，其主要特征如下：

第 1 天：在胚盘的边缘出现许多红点，俗称“血岛”。

第 2 天：照蛋时，可见卵黄囊血管区形似樱桃，俗称“樱桃珠”。

第 3 天：照蛋时，可见胚胎和延伸的卵黄囊血管形似蚊子，俗称“蚊虫珠”。

第 4 天：胚胎与卵黄囊血管形似蜘蛛，俗称“小蜘蛛”。

第 5 天：照蛋时，可明显看到黑色的眼点，俗称“单珠”或“黑眼”。

第 6 天：照蛋时，可见头部和增大的躯干部两个小圆点，俗称“双珠”。

第 7 天：胚胎出现鸟类特征，颈部伸长，明显可见翼和喙；照蛋时，胚胎在羊水中时隐时现，不易看清，俗称“沉”。

第 8 天：四肢完全形成，腹腔愈合；照蛋时，胚胎在羊水中浮游，俗称“浮”。

第 9 天：喙伸长并弯曲，鼻孔明显，全身具有羽乳头，性腺能明显区分雌雄，翼和后肢已具有鸟类特征，照蛋时，背面尿囊血管伸展越过卵黄囊，俗称“蹿筋”。

第 10 天：腿部鳞片和趾开始形成，尿囊在蛋的锐端合拢；照蛋时，除气室外整个蛋布满血管，俗称“合拢”。

第 11 天：背部出现绒毛，冠出现锯齿状，尿囊液达最大量；照蛋时，背面血管由细变粗。

第 12 天：身躯覆盖绒羽，肾、肠开始有功能，开始用喙吞食蛋白；照蛋时，尿囊血管变粗。

第 13 天：身体和头部大部分覆盖绒毛，胫出现鳞片；照蛋时，蛋锐端发亮部分随胚龄增加而减少。

第 14 天：胚胎发生转动与蛋的长轴平行，其头部通常朝向蛋的钝端；照蛋时，蛋背面阴影占蛋 1/3。

第 15 天：翅已完全形成，体内的大部分器官基本形成；照蛋时，蛋背面阴影占蛋 1/2。

第 16 天：冠和肉髯明显，蛋白几乎被吸收到羊膜腔中；照蛋时，蛋背面阴影占蛋 2/3。

第 17 天：羊水和尿囊液开始减少，躯干增大，头部缩小，两腿紧抱头部；照蛋时，蛋锐端看不到发亮的部分，俗称“封门”。

第 18 天：头弯曲在右翼下，眼睛开始睁开，胚胎转身，喙朝向气室；照蛋时，气室倾斜；俗称“斜口”。

第 19 天：大部分卵黄进入腹腔，喙进入气室，开始用肺呼吸；照蛋时，气室可见黑影闪动，俗称“闪毛”。

第 20 天：尿囊血管完全枯萎，开始啄壳出雏；啄壳时，先用破壳齿在近气室界线处敲一孔，而后沿蛋的横径顺时针间隔敲打，形成裂缝。

第 21 天：雏鸡破壳而出。

五、胚胎发育过程中的物质代谢

发育中的胚胎需要蛋白质、碳水化合物、脂肪、矿物质、微生物、水和氧气等作为营养物质，才能完成正常发育。

1. 水的变化 蛋内的水分随孵化进程而递减，其中一部分蒸发（占总蛋重的 15%～18%），其余部分进入蛋黄，形成羊水、尿囊液以及胚胎体内水分。

2. 能量代谢 胚胎发育所需要的能量来自蛋白质、碳水化合物和脂肪，发育早期利用碳水化合物，而后利用脂肪和蛋白质。脂肪的利用是在孵化的第 7～11 天，胚胎将脂肪转变成糖加以利用，第 17 天后脂肪被大量利用。总而言之，蛋中 1/3 的脂肪在胚胎发育过程中消耗，2/3 贮存于雏鸡体内。

3. 蛋白质代谢 禽蛋内含蛋白约 6.6g，其中 3.1g（约 47%）存在于蛋清，3.5g（约 53%）存在于蛋黄，蛋白质是形成胚胎组织和器官的主要营养物质。在胚胎发育过程中，蛋白质随胚龄的变化而变化，其中蛋清和蛋黄中的蛋白质锐减，而胚体内的各种氨基酸渐增。在蛋白质代谢中，分解出的含氮废物由胚内循环带到心脏，经尿囊绒毛膜血液循环排泄至尿囊腔中，第一周胚胎主要排泄氨和尿素，第二周起开始排泄尿酸。

4. 矿物质代谢 在胚胎的代谢中钙是最重要的矿物质，从蛋壳转移至胚胎中。蛋壳含无机盐 6.4g [93.7% $CaCO_3$、6.3% $Ca_3(PO_4)_2$]，蛋黄、蛋白含无机盐0.4g。胚胎发育前7d主要利用蛋黄、蛋白中的无机盐，10～15d主要利用蛋壳中的钙、磷。胚胎发育还需要镁、铁、钾、钠、硫等，主要来源于蛋内容物。

5. 维生素　维生素是胚胎发育不可缺少的营养物质，主要是维生素A、维生素B_2、维生素B_{12}、维生素D_3和泛酸等，来源于种鸡所采食的配合饲料。若饲料中维生素含量不足，极易引起胚胎早死或破壳难而被闷死；当然也是造成残、弱雏的主要原因。

总之，在整个孵化期内，上述各种物质的代谢是有规律的，由简单到复杂，由低级到高级。初期以糖代谢为主，之后以脂肪和蛋白代谢为主。

六、胚胎发育过程中的气体交换

胚胎在发育过程中不断进行气体交换。最初6d靠卵黄囊血液循环提供氧气；6d后由尿囊绒毛膜血液循环通过蛋壳气孔获得氧气；10d后，气体交换才趋于完善；19d后开始肺呼吸，直接与外界进行气体交换。鸡胚在整个孵化过程中，胚胎需氧气4～4.5L，排出二氧化碳3～5L。

第二节　孵化条件

一、温度

温度是家禽胚胎发育的首要条件。鸡胚胎是活的生物体，必须处于最佳的环境温度，才能保证正常的物质代谢和生长发育，并获得最佳孵化率。

1. 生理零度　低于某一温度胚胎发育就被抑制，高于这一温度胚胎才能够正常发育，这一温度被称为生理零度，也称临界温度。因为干扰因素太多，生理温度的准确值很难确定。此外，这一温度还随家禽的品种、品系不同而异，一般认为鸡胚的生理零度约为23.9℃。

2. 鸡胚胎发育的最佳温度及适宜范围　一般鸡胚胎发育最适温度是37.8℃。鸡孵化期（1～18d）内的适宜温度范围为37.5～37.8℃，出雏期（19～21d）内的适宜温度范围为36.9～37.2℃。其他家禽的孵化适宜温度和鸡接近，一般在±1℃范围内。一般孵化期越长的家禽，孵化适宜温度相对越低。

3. 高温与低温对鸡胚胎的影响

（1）高温对鸡胚胎的影响　鸡不同胚龄对高温的耐受力不同，随着胚龄增大，耐受力下降。1～7d胚龄，温度超过40.5℃，胚胎发育加快，影响不大；16d胚龄，温度在40.5℃经过1d时间，将有10%～15%的胚胎死亡；19d胚龄，会有30%的胚胎死亡。若温度升至46.1℃经3h或48.9℃经1h，所有胚胎将全部死亡。

（2）低温对鸡胚胎的影响　低温下，胚胎发育迟缓，孵化期延长，死亡率增加。如35.5℃时，胚胎大多死于壳内。短时间的降温对孵化效果无不良影响。入孵14d以前胚胎发育受温度降低的影响较大；15～17d温度短时下降至18.3℃时，不会严重影响孵化率；18～21d虽然要求的适宜温度低于前17d。在孵化过程中，应防止发育早期（1～7d）的胚胎在低温下孵化，出雏期间（19～21d）要避免高温。

4. 恒温孵化与变温孵化

（1）恒温孵化　孵化的1～18d始终保持一个温度（如37.8℃），19～21d保持一个温度（如37.2℃）。恒温孵化要求的孵化器水平较高，而且对孵化室的建筑设计要求较高，需保持22～26℃较为恒定的室温和良好的通风。巷道式孵化器采用的是恒温孵化。

（2）变温孵化　根据不同的孵化器、不同的环境温度和不同胚龄，给予不同的孵化温度。我国传统孵化法多采用变温孵化，水禽和较大的家禽也多采用变温孵化。

二、相对湿度

在孵化期内对相对湿度的要求没有较温度那样严格，但孵化中适宜的相对湿度对保证胚胎的正常发育是必要的。相对湿度过高，会妨碍水汽蒸发和气体交换，甚至引起胚胎酸中毒，使雏鸡腹大，脐部愈合不良，卵黄吸收不良；相对湿度过低，会使水分蒸发过快，易引起胚胎与壳膜粘连，或引起雏鸡脱水，孵出的雏鸡轻小，绒羽稀短。适宜的湿度在初期使胚胎受热良好，后期有益于胚胎散热和出壳。禽胚对湿度的适应范围较宽，一般40%～70%均可。立体孵化器的适宜相对湿度，孵化期（1～18d）为50%～60%，出雏期（19～21d）为75%。鸭、鹅等出雏对湿度要求较高，一般相对湿度都在90%以上，有时需要向孵化器内喷温热水以增加湿度。

在鸡胚胎发育期，温度和湿度之间相互影响。温度高则要求湿度低，而温度低则要求湿度高。孵化前期温度高则要求湿度低，以减少蛋内水分蒸发，提高孵化率。出雏时，温度低则要求湿度高，在孵化的任何阶段都必须防止同时高温高湿。

三、通风换气

通风换气有利于胚胎内的气体交换、温度均衡和后期散热。鸡胚胎在发育过程中，要不断从空气中吸取氧气，排出二氧化碳，随胚龄增加，这种气体代谢由弱到强。特别到孵化后期，出雏前，胚胎开始用肺呼吸，这种气体交换成倍增加。

适度的通风可以保证孵化器内空气新鲜，温湿度适宜，一般二氧化碳浓度不超过0.5%，氧气含量约为21%；若通风过度，则温、湿度都难以保证，并增加能源消耗；若通风不良，空气不流畅，则湿度增大，会造成温湿度过高，二氧化碳超标，胚胎发育迟缓，死亡率增高。

四、转蛋

转蛋也称翻蛋，是改变种蛋的孵化位置和角度。转蛋可防止胚胎与内壳膜粘连，不仅使胎儿受热均匀，而且使其得到运动，保证胎位正常。一般鸡蛋以水平位置前俯后仰各45°为宜，鸭蛋50°～55°，鹅蛋55°～60°，每2h转蛋1次。转蛋时，动作要轻、稳、慢，转动角度要适宜，转动角度较小不能起到良好的效果，太大会使尿囊破裂从而造成胚胎死亡。相对而言，孵化前期和中期转蛋更为重要，尤其是第1周；1～18d每2h转蛋1次，每天12次；19～21d为出雏期，在此期间不需要转蛋。

五、凉蛋

凉蛋是指蛋孵化到一定时间，关闭电热甚至将孵化器门打开，让胚蛋温度下降的操作程序。目的是散热，调节蛋温，排除孵化器内污浊空气和余热，使胚胎得到新鲜空气。在孵化后期，胚胎自身产热多，如不及时排除多余热量，胚胎会因温度过高而死亡。凉蛋多用于鸭、鹅等水禽的孵化，因为鸭、鹅蛋脂肪含量高于鸡蛋，在孵化中期以后，胚胎脂肪代谢加强，产热增多，需要散发多余的热量，以防超温。水禽蛋在尿囊合拢后（鸭蛋16～17d，鹅蛋18～19d）开始凉蛋，一般每日2次，每次凉蛋15～30min，以眼皮感温，感到蛋温而不凉即可。凉蛋分为机内凉蛋、机外凉蛋和上摊床；凉蛋根据胚胎发育情况、孵化天数、气温及孵化器性能等具体情况灵活掌握。

第三节 种蛋管理

一、种蛋的来源

由于孵化的种蛋受多种因素的影响，要想达到理想的孵化效果，种蛋应来自生产性能优良的种鸡群，其生产性能高、经过系统免疫，受精率在80%以上。因为种蛋产出以后遗传特性就已经固定，一般受精率和孵化率受品种的影响较大，因此要有计划、有目的地选择优良父母代的种鸡群。有许多传染病可以通过蛋内传播，从而影响孵化率，对种鸡场要注意卫生防疫、勤换垫草；同时为了发挥优良种鸡的生产性能和保证种蛋质量，必须保证种鸡供给营养全面的饲料，特别是要供给维生素、钙、磷、锌、锰等。

二、种蛋的选择

为了保证入孵前种蛋品质优良，不仅要注意种蛋的来源，还要加强种蛋的选择。优良种鸡所产的种蛋并不一定都是合格种蛋，要想孵出高质量的雏鸡就必须对种蛋进行严格的挑选，主要通过外观检查、听音、照蛋灯检测等方法来筛选。

1. 外观上选择

（1）蛋重的选择　蛋的大小以蛋重来衡定，用天平或电子秤测量，过大或过小都会影响孵化率和雏鸡质量，种蛋应大小合适，符合品种标准。一般要求蛋用鸡种蛋重为50～65g，肉用鸡种蛋重52～68g，鸭蛋重80～100g，鹅蛋重160～200g。

（2）蛋形的选择　蛋形常用蛋形指数来衡量，鸡蛋蛋形指数（长轴/短轴）为1.28～1.43，鸭蛋的为1.20～1.59，鹅蛋的为1.40～1.50。合格种蛋应为卵圆形，要剔除细长、短圆、枣核状、橄榄形（两头尖）、腰凸等不合格种蛋。此外，剔除蛋壳有皱纹、砂皮等这类有遗传缺陷的不合格种蛋。

（3）蛋表面清洁度的选择　合格种蛋表面应清洁无污物，如将污蛋孵化，会增加臭蛋（放炮蛋）污染正常蛋及孵化器，导致孵化率下降，死胚增多，雏鸡质量降低。对沾有粪便或破蛋液的鸡蛋不能选留为种蛋。对于轻度污染种蛋，经过认真擦拭或消毒液清洗后可放置单独孵化器中孵化。

（4）蛋壳厚度的选择　蛋壳厚度用螺旋测微仪或千分卡尺或超声波蛋壳厚度测定仪测定，此外，还可通过蛋的比重间接测定蛋壳厚度，比重越大蛋壳越厚，蛋的比重在1.080孵化率最好。良好的蛋壳不仅破损率低，而且能有效减少细菌的穿透数量，孵化效果好。蛋壳过厚，孵化时蛋内水分蒸发缓慢，出雏困难。蛋壳过薄，蛋内水分蒸发过快，造成胚胎代谢障碍。合格的种蛋要求蛋壳均匀致密，厚薄适度，要剔除钢皮蛋、薄皮蛋、砂皮蛋、皱纹蛋。正常种蛋蛋壳厚度，鸡蛋为0.27～0.37mm，鸭蛋为0.35～0.40mm，鹅蛋为0.40～0.50mm。

（5）蛋壳颜色的选择　壳色是品种特征之一，以肉眼观察记录为主。蛋壳颜色要符合本品种特征，对于褐壳蛋鸡，壳色一致性比较差，留作种蛋时不必要求蛋壳颜色一致；另外对于选育程度不高的地方品种或杂交鸡可适当放宽选择标准。此外由于疾病或饲料营养等因素造成的蛋壳颜色突然变浅应格外注意，暂停留种蛋。

2. 通过听觉选择　这是通常讲的叫蛋。两手各拿2～3个蛋，转动5指，使蛋之间相互轻轻碰撞；正常蛋声音清脆，破损蛋特别是裂纹蛋可听到破裂音；钢皮蛋则发出另一种高音。

3. 通过透视选择 可用照蛋灯或专门的照蛋设备，在灯光下观察蛋壳、气室等。破损蛋和砂皮蛋可见到许多不规则亮点。看气室大小可了解蛋的新鲜程度。

三、种蛋的消毒

禽蛋从产出到入孵，会受到泄殖腔排泄物、空气及设备的污染，其表面附着许多细菌。据测定，刚产出的蛋，蛋壳上细菌数为300～500个，15min后增加到1 500～3 000个，1h后增加到2万～3万个。某些微生物能通过壳上的孔侵入蛋内大量繁殖，有时污染整个孵化器，对孵化率和雏禽健康影响巨大，因此种蛋入孵前需进行认真消毒。

种蛋会进行3次消毒，第1次消毒原则上种蛋产下后应马上进行，实际中一般集中收集几次后立即进行。种鸡蛋可在上午、下午集中消毒，水禽蛋每日上午集中消毒一次。第2次消毒是在种蛋入孵后，可在入孵器内进行第2次熏蒸消毒。第3次消毒是在种蛋移盘后在出雏器进行熏蒸消毒。种蛋消毒的方法有多种，最常见是甲醛密闭熏蒸消毒法，在密闭的空间里进行；或用塑料薄膜缩小空间进行，用甲醛溶液和高锰酸钾溶液按一定比例混合后产生的气体进行熏蒸消毒；此外，还有过氧乙酸熏蒸法、杀菌剂浸泡法和臭氧密闭法等。

四、种蛋的保存

即使种蛋来自优良的种禽，并经过严格的挑选与消毒，但如果保存不当会造成孵化率降低或出现无法孵化的结果。

1. 保存条件

（1）保存温度 种蛋保存温度的原则是既不能让胚胎发育，又不能让它受冻而失去孵化能力。为了抑制酶的活性和细菌繁殖，种蛋保存适温为15～18℃，保存时间短，采用温度上限；保存时间长，采用温度下限。

（2）保存湿度 种蛋保存湿度为75％～80％，在保存过程中既能明显降低蛋内水分蒸发，又可防止细菌滋生。

（3）通风 缓慢适度的通风可防止种蛋发霉。种蛋库进出气孔要通风良好，注意不能直接吹到种蛋表面。切勿将种蛋放在敞开的蛋托上，以防空气过分流通，失水多，降温太快，造成孵化率下降。

2. 保存时间 种蛋即使保存在适宜条件下，孵化率也会随时间的延长而下降。因随时间的延长，蛋白杀菌特性降低，蛋内水分蒸发多，改变了酸碱度，引起系带和蛋黄膜发脆；蛋内各种酶会引起胚胎衰弱及营养物质变性，降低胚胎活力；残余细菌的繁殖也会危及胚胎。

一般种蛋保存3～5d为宜，不要超过2周，如果没有适宜的保存条件，应缩短保存时间。原则上，天气凉爽时保存时间可适当延长，严冬酷暑时保存时间可适当缩短。在有空调设备的种蛋贮存室，种蛋保存两周以内，孵化率下降幅度小；保存两周以上，孵化率下降较为明显；保存3周以上，孵化率急剧下降。总之，在条件允许的情况下，种蛋需尽早入孵。

3. 保存方法 种蛋保存3～5d孵化率最高，如果保存一周左右，可直接放入蛋盘，盖上一层塑料膜；保存较长者，可将锐端向上放置，这样可使蛋黄位于蛋的中心，避免粘连蛋壳；如需长时间保存，可放入填充氮气的塑料袋内密封，可防细菌繁殖，提高孵化率，对雏鸡质量无影响，保存3～4周时仍有75%～85%的孵化率。

第四节　孵化管理技术

一、孵化前的准备

1. 消毒 孵化室的地面、墙壁、顶棚均应彻底消毒。孵化器内清洗后用甲醛熏蒸，也可用消毒液喷雾或擦拭。蛋盘和出雏盘应彻底浸泡清洗，然后用消毒液浸泡消毒。

2. 设备检修、试机 孵化前应做好孵化器的检修工作。检查各个控温、控湿、通风、报警系统、照明系统和机械转动系统是否能正常运转。试机1～2d即可入孵。

3. 种蛋预热 存放于空调蛋库的种蛋，入孵前应置于22～25℃的环境条件下预热6～12h，以免入孵后蛋面凝聚水珠不能立即消毒，也可减少孵化器温度下降幅度。预热可提高孵化效率。

4. 制订孵化计划 目的是合理安排孵化室工作日程，根据雏鸡预定目标确定出雏时间与数量，以销定产。

5. 准备孵化用品 孵化常用用品包括消毒药品、温度计、湿度计、照蛋灯、疫苗、防疫注射器材、易损电器元件、各种记录表格。

二、孵化期的操作管理技术

1. 入孵 一切准备就绪以后，即可码盘孵化。码盘就是将种蛋码放到孵化盘上。入孵的方法依孵化器的规格而异，尽量整进整出。现在多采用推车式孵化器，种蛋码好后直接整车推进孵化器中。

2. 孵化器的管理 要坚持昼夜值班制度，记录温度、湿度、通风、转蛋情况；注意温度的变化，观察控制系统的灵敏程度，留意机件的运转情况，及时处理异常情况；每天定时往水盘加入温水，保持湿度计的清洁。

3. 照蛋 照蛋的目的有两个，一是检查胚胎的发育情况，并以此作为调整孵化条件的依据；二是及时剔除无精蛋和死胚蛋，以免污染孵化器，影响其他种蛋的正常发育。孵化进程中通常对胚蛋进行2～3次照蛋，第一次照蛋（头照），一般在鸡胚入孵后第5天（鸭为第6～7天、鹅为第7～8天）进行，主要是检出无精蛋和死胚蛋，照蛋特征为“黑点”；抽检一般在鸡胚入孵后第10天（鸭为第13～14天、鹅为第15～16天）进行，主要是观察胚胎的发育速度及检出死胚，照蛋特征为“合拢”；第二次照蛋（二照）在移盘时进行，一般是鸡胚入孵后第19天（鸭为第25～26天、鹅为第28～29天），主要是剔除发育差的胚蛋和死胚蛋，照蛋特征为“闪毛”，此次照蛋后即可移盘。一般头照和抽检作为调整孵化条件的参考，二照作为掌握移盘时间和控制出雏环境的参考。

4. 移盘（落盘） 一般鸡胚最迟在第19天（鸭第25天、鹅第28天）或1%种蛋轻微啄壳时，将胚蛋由孵化蛋盘转到出雏盘中，此后停止转蛋；移盘时动作要轻、稳、快，尽量降低碰撞；移盘后，出雏器的温度应调到36.7℃左右，相对湿度调到75%左右。

三、出雏期的操作管理技术

1. 出雏 在临近孵化期满的前一天，雏禽开始陆续啄壳，孵化期满时大批出壳。出雏器要保持黑暗，使雏鸡安静，以免踩破未出壳的胚蛋。出雏期间，不应随时打开机门拣雏，一般拣雏3次即可，也不能让已出壳的雏鸡在出雏器内存留太久，以免引起脱水。雏鸡一般都是一次性拣雏；鸭、鹅需要多次拣雏甚至人工助产。出雏即将结束时，对已经啄壳但无力自行破壳的，可进行人工助产，人工助产就是从啄壳孔处剥离蛋壳，把头颈拉出并放回出雏箱中继续孵化至出雏。

2. 清扫与消毒 出雏结束后，对孵化器进行彻底清洗和消毒。消毒方法可选用任何一种消毒药物进行喷洒，也可采用甲醛熏蒸法进行消毒。

3. 注射疫苗 对拣出的健康雏鸡注射马立克氏病疫苗。

4. 雏鸡存放 雏鸡应放在分隔的雏鸡盒内，置于22～25℃的暗室，准备接运。

四、停电措施

一般大型孵化厂应自备发电机；如果在孵化过程中停电时，巷道孵化器首先打开前门，关闭风机，如时间超过10min，应将孵化器后门也打开，并将后面胚蛋车推到孵化室中，来电后先关闭孵化器后门，然后关闭孵化器前门，打开风机。如果在出雏过程中短暂停电，只需关闭风机开关，打开出雏器的门即可。总之停电时使室内温度达到37℃左右（孵化器的上部），打开全部机门，每隔0.5h或1h转蛋一次，保证上下部温度均匀。同时在地面上喷洒热水，以调节湿度。必须注意，停电时不可立即关闭通风孔，以免机内上部的蛋因受热严重而被烧坏。

五、孵化记录

每次孵化应将入孵日期、品种、蛋数、种蛋来源、两次照蛋情况、孵化结果、孵化期内的温度变化等记录下来，以便统计孵化成绩或做总结工作时参考。孵化厂可根据需要按照上述项目自行编制记录表格。此外，还应编制孵化日程表，以利于工作。

六、孵化效果检查与分析

1. 衡量孵化效果的指标 衡量孵化效果的指标有受精率、死精率、受精蛋孵化率、入孵蛋孵化率、健雏率、死胎率等。

（1）受精率 指受精蛋数（包括死精蛋和活胚蛋）占入孵蛋的比例。鸡的种蛋受精率一般在90%以上，高水平可达98%以上。

（2）死精率 通常统计头照（白壳蛋6胚龄、褐壳蛋10胚龄）时的死精蛋数占受精蛋的百分比，正常水平应低于2.5%。

（3）受精蛋孵化率 出壳雏禽数占受精蛋比例、统计雏禽数应包括健、弱、残和死雏。一般鸡的受精蛋孵化率可达90%以上。此项是衡量孵化厂孵化效果的主要指标。

（4）入孵蛋孵化率 出壳雏禽数占入孵蛋的比例，高水平达到87%以上。该项可反映种禽繁殖场及孵化厂的综合水平。

（5）健雏率 健雏占总出雏数的百分比。高水平应达98%以上，孵化厂多以售出雏禽视为健雏。

（6）死胎率 死胎蛋占受精蛋的百分比。死胎蛋一般指出雏结束后扫盘时的未出壳的胚蛋。

2. 胚胎死亡原因分析

（1）孵化期胚胎死亡的分布规律 胚胎死亡在整个孵化期不是平均分布的，而是存在两个死亡高峰。第一个高峰在孵化前期，鸡胚在孵化前第3～5天；第二个高峰出现在孵化后第18天之后。第一高峰死胚数约占全部死胚数的15%，第二高峰约占全部死胚数的50%。对高孵化率鸡群来讲，鸡胚多死于第二高峰，而低孵化率鸡群第一、二高峰期的死亡率大致相似。

（2）胚胎死亡高峰的一般原因 第一个死亡高峰正是胚胎生长迅速、形态变化显著时期，各种胎膜相继形成而作用尚未完善。胚胎对外界环境的变化较为敏感，稍有不适胚胎发育便受阻，以至夭折。种蛋贮存不当，降低胚胎活力，也会造成胚胎此时死亡。另外，种蛋贮存期过量甲醛熏蒸会增加第一期死亡率，维生素A缺乏会在这一时期造成重大影响。第二个死亡高峰是正处于胚胎从尿囊绒毛膜呼吸过渡到肺呼吸时期。胚胎生理变化剧烈，需氧量剧增，其自身产热猛增。传染性胚胎病的威胁更突出，对孵化环境要求高，若通风换气、散热不好，势必有一部分本来较弱的胚胎死亡。另外，由于蛋的放置位置不是钝端向上，也会使雏鸡因姿势异常而不能出壳。孵化率高低受内部和外部因素的共同影响。影响胚胎发育的内部因素是种蛋内部品质，由遗传和饲养管理所决定。外部因素包括入孵前的环境（种蛋保存）和孵化中的环境（孵化条件）。内部因素主要影响第一死亡高峰，外部因素主要影响第二死亡高峰。

3. 影响孵化效果的因素　影响孵化效果的三大因素是种鸡质量、种蛋管理和孵化条件。种鸡质量和种蛋管理决定入孵前的种蛋质量，是提高孵化率的前提。因此，要饲养高产健康种鸡，保证种蛋质量。

由于母鸡受到本身遗传因素与外界环境两个因素共同影响，种蛋在母鸡体内形成过程中，其品质由母鸡本身决定。本品种、品系固有的遗传品质、外界的饲料和环境条件共同影响种蛋的内在品质。当种鸡饲料中缺乏维生素 B_2，可引发孵化中期、后期的胚胎死亡；种鸡饲料中维生素D缺乏时，胚蛋会在中期发生水肿或死亡。鸡胚发育完全依靠种蛋自身的营养储备，包括各种氨基酸、维生素、矿物质和微量元素等，而种蛋的营养物质完全来自种鸡所采食的饲料。若种蛋内的养分偏低或不足，鸡胚胎在孵化期间生长发育就可能受到影响，导致组织器官形成异常、胚胎出现浆液性大囊泡水肿、肝脏变性、胚体瘦弱、死亡率高等。

孵化条件方面，掌握好孵化温度、湿度和通风3个主要条件，抓住鸡胚1～7胚龄和18～21胚龄两个关键的孵化时期。

第五章　蛋鸡生产

第一节　鸡舍的类型和养殖方式

一、鸡舍的类型

现代鸡舍可分为开放式鸡舍和密闭式鸡舍。开放式鸡舍通常是指有窗式或卷帘式鸡舍，具有结构简单、造价低、能耗低等优点，但也存在环境调控能力差，易受外界环境影响的不足（图 5-1）。这种类型的鸡舍通风主要靠空气自然流通，鸡舍内通风能力非常有限，决定了养殖规模不能太大。与之相对，密闭型鸡舍没有窗户，只有门、进气口、出气口与外界相通（图 5-2），因此，密闭性更好，能有效避免外界环境的影响，营造更为稳定的内部环境。密闭型鸡舍采用机械通风、人工照明并配有中央环控系统，自动调节鸡舍的温度、通风和照明，因此，鸡舍的环控能力更强，但也存在造价高、能耗高的不足。

图 5-1　开放式鸡舍
A. 有窗式鸡舍　B. 卷帘式鸡舍

二、养殖方式

1. 放养　放养指在林地、果园、田地、沟壑等养殖蛋鸡或肉鸡的方式（图 5-3）。这种养殖方式具有成本低、觅食广、蛋肉品质好、符合鸡自然生长习性、胸腿病的发病率低等优点。但由于鸡活动量增加、环境条件不可控等，

图 5-2　密闭型鸡舍

A. 密闭型鸡舍外部，无窗，只有门和进气口与外界相通

B. 密闭型鸡舍内部，人工照明，机械通风

饲料转化率相对较低。如果是蛋鸡，放养也存在捡蛋难的问题。此外，由于野鸟传毒、养殖场地环境差、鸡粪不分离等，会出现疾病不易防控的问题，特别是寄生虫病发病率相对较高。

图 5-3　林地和草场放养

2. 舍饲

（1）平养　舍饲分为平养和笼养两大养殖方式。平养又可分为地面垫料平养、网上平养和地网混合平养（图 5-4）。在地面垫料平养中，鸡可以自由活动，胸腿病发病率较低，淘汰鸡外观好，符合动物福利要求，但存在垫料需求大、养殖密度低、鸡粪不分离等缺点。网上和地网混合平养虽然有效解决了鸡和粪接触的问题，但依然存在养殖密度低的问题。

（2）笼养　笼养可分为阶梯式笼养、全重叠式笼养和栖架式笼养（图 5-5）。阶梯式笼养又称半重叠式笼养，该养殖方式通常与粪沟刮粪板式除粪系统配合使用，具有造价低的优点，但刮粪板式除粪系统存在刮粪不完全、粪球破坏易产生臭味等缺点。全重叠式笼养方式通常与粪带式除粪系统配合使用。这种笼养方式具有使用年限长、养殖密度高、粪污清理彻底、鸡舍臭味小等优

图 5-4　三种平养方式

A. 地面垫料平养　B. 网上平养　C. 地网混合平养

点，是超大型鸡舍使用的主流笼养系统，但这种养殖系统造价较高。栖架式养殖系统主要从动物福利角度考虑而研发。在这种养殖系统中，鸡可以自由出入产蛋箱，既利用了鸡舍空间也提高了养殖密度。但由于鸡可以自由活动，鸡舍粉尘较大，因此鸡的饲养密度不能太高，且对鸡舍通风系统提出较高的要求。

图 5-5　三种笼养方式

A. 阶梯式笼养方式　B. 全重叠式笼养方式　C. 栖架式笼养方式

第二节　蛋鸡生理阶段划分和饲养管理制度

一、蛋鸡生理阶段划分的目的

不同生理阶段蛋鸡的生理特点、生长发育规律和生产性能存在很大差异，对生活环境、饲料营养和管理措施的要求也各不相同。通过对蛋鸡生理阶段进行划分，可以做到分段管理和精准饲养，保障蛋鸡健康成长，提高蛋鸡产蛋性能。

二、蛋鸡生理阶段的划分方法

目前，生产中对蛋鸡生理阶段的划分有两种方法，即三阶段划分法和两阶段划分法。三阶段划分法可将整个养殖周期划分为育雏期（0～6 周龄）、育成期（7～18 周龄）和产蛋期（19～72 周龄）。两阶段划分法可将生理阶段划分为后备期（0～18 周龄）和产蛋期（19～72 周龄）。蛋鸡生理阶段的划分方法较为固定，但划分时间要因品种而异，例如，一些商业蛋鸡品种可能 17 周龄就已开产，产蛋期一直要持续到 80 周龄，甚至更久。还有一些地方品种需要 21 周龄才能开产，产蛋期只能维持到 65 周龄。

三、蛋鸡养殖制度

对应于蛋鸡的生理阶段划分方法，蛋鸡养殖制度也可分为三阶段饲养制度和二阶段饲养制度两种。如果养殖场采用三阶段饲养制度，则需要建育雏、育成和产蛋三种类型的鸡舍，而二阶段饲养制度只需建后备鸡舍和产蛋鸡舍两种类型的鸡舍即可。三阶段饲养制度的优点在于配备三种类型的饲养设施，能更好满足不同阶段鸡群的生理需要，但投资大，鸡群周转次数多，易造成鸡群的应激。二阶段饲养制度的优缺点与三阶段饲养制度相反，硬件设施投资小，养殖流程简单，目前是现代蛋鸡生长的主流养殖制度（图 5-6）。

图 5-6　现代化二阶段饲养制度养鸡场

A. 2 栋单独养殖规模为 12 万元的后备鸡舍，主要用来养殖 0～15 周龄的蛋鸡

B. 单栋养殖规模为 10 万羽的成年鸡舍，后备鸡在开产前 2 周将从后备鸡舍转入产蛋鸡舍，直到淘汰

四、全进全出制度

“全进全出制”是指全部鸡只在同一时间内入场、同一时间内出场。其优点在于：①有利于防疫。在一批鸡养完可对整栋鸡舍进行彻底消毒，也可以利用空舍期消除环境污染，阻断疫病的代代相传。②便于管理。由于鸡舍内养的是同一生理阶段的鸡，可以采取相同的饲养管理措施，如同时供温、断喙、调整日龄、接种疫苗、调整光照制度等。

第三节　雏鸡饲养管理技术

一、雏鸡的生理特点及生活习性

1. 代谢旺盛　蛋用型雏鸡 2 周龄体重约为 1 周龄体重的 2 倍，6 周龄为 7 倍（表 5-1）。前期生长快，以后随日龄增长而逐渐减慢。雏鸡代谢旺盛，心率每分钟可达 250～350 次，雏鸡基础代谢为每克体重 23J/h，成年鸡为每克体重 11.5J/h，安静时单位体重耗氧量与排出二氧化碳的量比家畜高 1 倍以上，因此饲养时要满足营养需要，特别是蛋白质营养，要供给雏鸡优质蛋白，保证氨基酸平衡。育雏阶段营养不良对生长发育造成的负面影响日后很难弥补。

表 5-1　海兰 W-36 蛋鸡 1～6 周龄体重

周龄	体重（g）
1	65
2	115
3	180
4	250
5	330
6	420

2. 体温调节功能不完善　由于皮下脂肪少、羽毛稀疏、自体产热能力差、单位重量表面积大等，初生雏的体温较成年鸡体温低 2～3℃，4 日龄开始体温慢慢地均衡上升，到 10 日龄时才达到成年鸡体温。3 周龄左右，体温调节功能逐渐趋于完善，7～8 周龄以后才具有适应外界环境温度变化的能力。

3. 羽毛生长快　幼雏的羽毛生长特别快，在 3 周龄时羽毛为体重的 4%，到 4 周龄便增加到 7%，其后基本保持不变。从孵化到 20 周龄羽毛一般要完成 3 次脱换，0～6 周龄前脱掉绒羽，换上成年鸡的片羽，7～13 周龄完成第二次换羽，14～20 周龄完成第三次换羽。为满足雏鸡羽毛脱换对营养的需求，在雏鸡料配制时要特别注意含硫氨基酸的添加，否则会影响雏鸡换羽和生长。

4. 消化能力弱　由于消化系统发育不健全、胃的容积小、肌胃研磨颗粒饲料的能力差、采食量小、消化酶分泌量少等，雏鸡的消化能力较弱。在雏鸡料配制时要注意纤维含量不超过 4%，且要注意饲料的可消化性，否则会造成雏鸡营养摄入不足或不均衡，影响雏鸡的生长。

5. 敏感性强　雏鸡比较敏感，胆小怕惊吓，管理不善易引发应激。因此，育雏环境要安静，防止各种异常声响。

6. 抗病力差　雏鸡免疫系统不健全，对外界环境的适应性差，抗病力差，饲养和管理稍不注意，极易患病。

二、育雏前的准备工作

1. 育雏方式的选择　目前常用的育雏方式主要有地面垫料育雏、网上育雏和立体育雏 3 种（图 5-7）。地面垫料育雏不需要购置育雏室，能降低育雏设施投入，但需要准备垫料，而且要注意做好垫料的管理，否则容易引起传染病。网上平养可以做到鸡和粪分离，但与地面垫料育雏一样，存在养殖密度低的不足。笼养育雏具有养殖密度高、干净、卫生等优点，是目前主流的育雏方式，但购置育雏笼一次性投入较大。

图 5-7　育雏方式

A. 地面垫料育雏　B. 网上育雏　C. 立体育雏

2. 制定育雏计划　育雏前需做好各项准备工作，包括确定育雏季节、制定育雏计划、育雏舍设备的维修、育雏舍的消毒和试温、准备育雏物品等。育雏舍的消毒和试温应作为工作的重点（表 5-2）。

表 5-2　育雏舍的消毒与试温

准备工作	方法与要求
消毒	①转群后，立即对鸡舍内的设备进行清扫、冲洗、消毒并空舍 2 周以上； ②用高压水枪从舍顶、墙壁、笼具、地面依次冲洗； ③用火焰喷枪灼烧墙壁、笼具、地面等； ④先用 2%氢氧化钠喷洒墙壁、地面，然后清水冲洗干净；晾干后，再用 0.2%次氯酸或癸甲溴铵（百毒杀）对鸡舍、设备等彻底消毒； ⑤熏蒸消毒前关闭门窗，将育雏用的器具放入舍内，每立方米空间使用甲醛 30mL，加入高锰酸钾 15g，24h 后打开门窗排除残余气味
试温	无论采用何种供热方式，在进雏前 2～3d 都要进行试温，将温度调至 33℃，检查供热系统是否正常运行，观测温度是否均匀、平稳，保证进雏时舍温和育雏器及育雏位置达到标准要求

三、雏鸡的分级、运输及安置

1. 雏鸡的分级与挑选　健雏的标准是：活泼好动，绒毛光亮、整齐，大小一致，初生重符合要求，眼亮有神，反应敏感，两腿粗壮，腿脚结实，站立稳健，腹部平坦、柔软，卵黄吸收良好，羽毛覆盖整个腹部，肚脐干燥，愈合良好，肛门周围干净，没有白色粪便黏着，叫声清脆响亮，握在手中感到饱满有劲，挣扎有力。如脐部有出血痕迹或发红呈黑色、棕色，站立不稳，软弱无力者均应淘汰（表 5-3 和图 5-8）。

表 5-3 初生雏的分级标准

级别	健雏	弱雏	残次雏
精神状态	活泼好动、眼亮有神	眼小细长、呆立嗜睡	不睁眼或单眼、瞎眼
体重	符合本品种要求	略轻或基本符合本品种要求	过小干瘪
腹部	大小适中、平坦柔软	过大或较小，肛门沾污	过大或软或硬、青色
脐部	收缩良好	收缩不良，大肚脐潮湿等	蛋黄吸收不完全
绒毛	长短适中、毛色光亮，符合品种标准	长或短、脆、色深或浅、沾污	火烧毛、卷毛、无毛
下肢	两肢健壮、行动稳健	站立不稳，喜卧、行走蹒跚	弯趾、跛腿，站不起来
畸形	无	无	有
脱水	无	有	严重
活力	挣脱有力	软绵无力似棉花状	无

图 5-8 健雏（A）和弱雏（B）

2. 雏鸡的运输 雏鸡运输应使用专用雏鸡箱（图 5-9）。装车时要将雏鸡箱错开摆放，箱周围要留有通风空隙，重叠高度适宜。车内温度保持在 25～28℃。夏季宜在日出前或傍晚凉爽时进行，冬天和早春则宜在中午前后气温相对较高的时间运输。每隔 2～3h 观察 1 次，防止温度过高或过低，以及雏鸡箱倒斜。运输中应避开堵车、颠簸路段，做到稳而快。

图 5-9 雏鸡专用运输箱

3. 雏鸡的安置 雏鸡运到养殖场后，先将雏鸡盒放在地上，下面垫一个空盒，静置 15min 左右，让雏鸡从运输的应激状态中缓解过来，适应鸡舍的环境温度后再分群装笼。分群时，按计划容量分笼安放雏鸡，并根据雏鸡的强弱大小分开安置。体质弱的雏鸡安置在离热源近、温度高的笼层中；少数俯卧不起的弱雏，放在35℃环境中特殊饲养管理，经过3～5d单独饲养管理，恢复正常后再放入鸡群内。笼养时，先将雏鸡放在较明亮、温度较高的中间两层，便于管理，以后再逐步分群疏散到其他层。

四、雏鸡的饲养技术

1. 饮水 雏鸡出壳后，经雌雄鉴别、接种马立克氏病疫苗等，加上长时间的运输，应尽快给予饮水。先饮水后开食，有利于促进肠道蠕动，吸收残留卵黄，排除粪便，增进食欲和饲料的消化吸收。仅提供充足的饮水还不够，必须保证每只雏鸡都能在较短时间内饮到水。如果有些雏鸡没有靠上饮水器，应增加饮水器的数量，并适当增加光照强度。出雏15h内的雏鸡饮用人工配制的饮水，之后可直接饮用自来水。雏鸡初饮时的注意事项见表5-4。

表5-4 雏鸡初饮的注意事项

项目	操作方法与要求
初饮的时间	雏鸡入舍后1h之内
饮水的温度	18～20℃的温开水，切忌饮低温凉水
饮水的配制	葡萄糖浓度为5%～8%；电解多维按说明；依照处方适量添加抗菌药物
饮水的调教	轻握雏鸡，手心对着鸡背部，拇指和中指轻轻扣住颈部，食指轻按头部，将其喙部按入水盘，注意别让水进到鼻孔，然后迅速让鸡头抬起，雏鸡就会吞咽进入嘴内的水，如此重复2～3次。一个笼内有几只雏鸡喝水后，其余的就会跟着迅速学会饮水
饮水器的数量	如果采用乳头式饮水器，按12只雏鸡准备1个乳头式饮水器的比例设置饮水器的数量，如果采用直径为20cm的钟型饮水器喂鸡，可按50只鸡准备1个饮水的比例准备饮水器
其他注意事项	饮水器每天清洗1～2次，并消毒，每天换3～4次水。饮水器的高度以鸡抬头喝水时与地面形成45°角为宜，用钟型饮水器喂鸡时，饮水器的高度以与鸡背部持平为宜（图5-10）。这样鸡在活动时不容易触碰饮水器

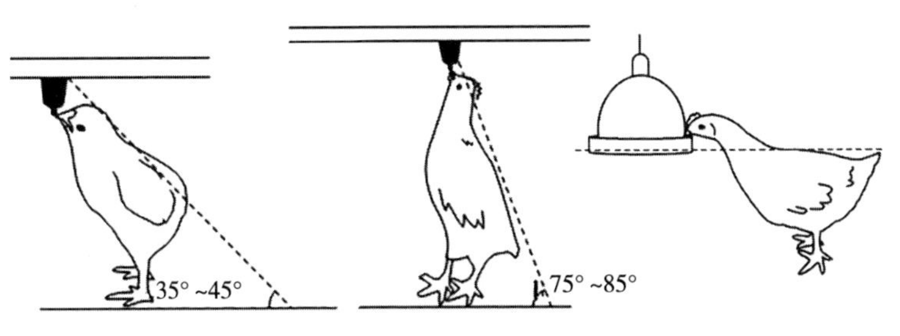

图5-10 饮水器吊装的适宜高度

2. 喂料 雏鸡开食的具体方法见表5-5。检查雏鸡嗉囊，是否开食以及吃饱（图5-11）。雏鸡喂料参考表5-6。

表5-5 雏鸡开食的方法

项目	方法	备注
开食时间	初饮2～3h后开食。一般在雏鸡出壳后24～36h开食为宜	开食太早不利于卵黄的吸收，但超过48h开食，会影响雏鸡的增重
开食饲料	开食料采用浸泡过的新鲜小米、玉米渣或颗粒料，切不可用过细的粉料。第二天改喂全价料，既可用颗粒料，也可用潮拌粉料，料水比为5∶1	饲料新鲜，颗粒大小适中，易于啄食且营养丰富、易消化。有助于排出胎粪
开食方法	用浅而平的料盘、塑料布、报纸等置于光线明亮处，将料反复抛撒几次，引诱雏鸡啄食。鸡群中只要有几只鸡开始啄食，其余的雏鸡很快就跟着采食，以便让所有的雏鸡能够同时采食	料盘、塑料布、报纸等足够大，以便让所有的雏鸡能够同时采食
饲喂次数	最初几天，每隔3h饲喂1次，每昼夜饲喂8次；随着雏鸡日龄增加、光照时间缩短，逐渐减到每天6～7次。3周后，日喂料4次	饲喂时，勤喂少添，保证饲料新鲜，以刺激雏鸡食欲，并防止鸡刨食鸡粪污染饲料，减少饲料浪费
料槽、桶的更换	5日龄后应加料槽或料桶并逐渐过渡，待雏鸡习惯料槽后，撤去料盘或塑料布。3周龄前使用幼雏料槽，然后换成中型料槽	料槽的高度应根据鸡背高度进行调整，以利于鸡采食，又可减少饲料浪费

图5-11 根据雏鸡嗉囊充盈判断雏鸡进食情况

左边的雏鸡嗉囊充盈，表明已经吃饱。右边的雏鸡触摸时，嗉囊中无饲料。

表5-6 雏鸡喂料参考量

周龄	白壳蛋鸡		褐壳蛋鸡	
	日耗料（g/只）	周累计耗料（g/只）	日耗料（g/只）	周累计耗料（g/只）
1	7	49	12	84

（续）

周龄	白壳蛋鸡		褐壳蛋鸡	
	日耗料（g/只）	周累计耗料（g/只）	日耗料（g/只）	周累计耗料（g/只）
2	14	147	19	217
3	22	301	25	392
4	28	497	31	609
5	36	749	37	868
6	43	1 050	43	1 169

五、雏鸡的管理技术

1. 温度控制　温度控制应采取渐进方式，切忌骤升骤降。刚出壳的雏鸡体温调节能力不健全，绒毛短，御寒能力弱，自身能力难以维持体温，需要提高环境温度为其提供生长发育需要的理想温度（表 5-7）。

（1）育雏期供暖应遵循的原则　①温度逐渐降低，每周降低幅度不超过3℃；②弱雏需要的温度高于健雏，一般高出 1～2℃；③夜间温度比白天温度高 2～3℃；④根据育雏鸡群的大小适当调整鸡舍温度；⑤根据雏鸡分布是否均匀调节鸡舍温度；⑥整个鸡舍的温度应均匀。

表 5-7　育雏期不同周龄的适宜温度

	周龄				
	0	1	2	3	4 周龄以后
适宜温度（℃）	35～33	33～30	30～29	28～27	撤去热源（脱温），但视外界环境温度和雏鸡表现而定

（2）看鸡施温　在生产中，对育雏舍温度的管理除了参考表 5-7 调整，还要根据鸡的行为表现灵活调整育雏温度，为雏鸡营造最佳的生存环境（表 5-8 和图 5-12）。

表 5-8　不同温度条件下的雏鸡状态

温度状态	雏鸡表现
温度适宜	雏鸡精力旺盛，活泼好动，食欲良好，饮水适度，羽毛光滑整齐；雏鸡分布均匀，休息时俯卧于保温伞周围或育雏笼底网上，头颈伸展，有时翅膀延伸开，侧卧熟睡，睡眠安静
温度过高	雏鸡远离热源，匍匐底网，两翅膀张开，张嘴喘息，呼吸频率增加，频频喝水
温度过低	雏鸡拥挤在热源周围或扎堆，行动迟缓，缩颈拱背，闭眼尖叫，发出异常叫声，饮水量减少

（3）供温装置　为了保证育雏的理想温度，选择适当的供暖条件非常必

图 5-12　育雏温度

A. 温度适宜　B. 温度偏高，鸡张口呼吸　C. 育雏温度偏低，鸡靠近热源，扎堆

要。目前常见的育雏供暖设备有煤炉、暖气、热风炉、地热等。从温度均匀和感觉柔和的角度考虑，采用暖气和地热供暖最为理想。

2. 湿度控制　育雏期间的湿度一般采用前高后低原则（表 5-9）。如果湿度过低，舍内灰尘、羽屑飞扬，雏鸡羽毛发育不良并易患呼吸道疾病，这时可在地面洒水，也可通过器皿蒸发或结合消毒增加湿度。湿度过高，导致病原微生物滋生繁殖，不利于保温，易引发雏鸡感冒、腹泻等症状；而且高温高湿环境也会增加有害气体含量。

表 5-9　不同周龄雏鸡的适宜相对湿度

项目	周龄		
	1～2	3～4	5～6
适宜相对湿度	70%降至 65%	65%降至 60%	60%降至 55%

3. 光照控制　合理的光照强度有助于提高雏鸡的食欲，促进钙、磷的吸收和骨骼的发育，提高机体免疫力。密闭式鸡舍蛋雏鸡的光照强度见表 5-10。开放式、半开放式鸡舍应采用自然采光与人工照明相结合的方式为雏鸡提供足够时长和强度的光照。育雏期间，光照时间只能减少，不能增加，以免性成熟过早，影响以后生产性能的发挥，更不能忽长忽短。

表 5-10　密闭式鸡舍蛋雏鸡的光照强度

周龄	光照时间（h）	光照强度（lx）
1	22	30
2	20	30
3	18	30
4	14	20
5	10	20
6	9	20

4. 通风换气　虽然育雏阶段以保温为主，但采取适量的通风也很必要。

保持鸡舍内的空气新鲜是雏鸡正常生长发育的重要条件之一。有条件的鸡场，可以在鸡舍内安装空气监测设备，对氨气、二氧化碳、硫化氢等进行实时监测，并自动开启通风设备，按各阶段鸡的最小通风量要求进行通风（表 5-11）。普通的饲养场，可以通过饲养员的感觉得知有害气体的含量是否超标，并人工调节通风设备。鸡舍内空气质量标准以人进入鸡舍内无明显臭气，无刺鼻、涩眼之感，不感觉胸闷、憋气为宜。如果早晨进入鸡舍感觉臭味大，时间稍长又有刺眼感觉，表明氨气的浓度和二氧化碳含量超标，需通风。

表 5-11 密闭型鸡舍育雏期最小通风量

日龄（d）	每只通风量（m^3/min）
1～7	0.003
8～14	0.007
15～21	0.01
22～28	0.014
29～35	0.015 6
36～42	0.02
43～49	0.023
50～56	0.025

5. 饲养密度 饲养密度是影响鸡舍环境和鸡健康的一个重要因素。密度太高，鸡舍空气质量下降，易引发鸡抢食、啄癖等问题，影响鸡群的均匀度；密度太低，鸡舍的利用率较低，养殖成本较高。在各养殖场制定适宜养殖密度时，除了参考表 5-12 所列的养殖密度，还应将鸡的采食和饮水考虑进去，要确保所制定的养殖密度和所提供的喂料、饮水器具能保证所有个体采食、饮水行为不受影响。

另外，制定适宜养殖密度还要考虑鸡的品种和季节。对于中型鸡种，每平方米要比轻型品种少养 3～5 只。冬季、早春、深秋季节以及天气寒冷时，每平方米可多养 3～5 只。夏季气候炎热、气温高、湿度大时，每平方米饲养量要减少 3～5 只，并根据雏鸡的生长发育情况适时分群。

表 5-12 不同育雏方式下雏鸡的饲养密度

周龄	育雏方式		
	地面平养（只/m^2）	网上平养（只/m^2）	立体笼养（只/m^2）
0～2	30	40	60
3～4	25	30	40
5～6	20	25	35

6. 断喙 为了有效防止鸡啄食时饲料损耗以及啄羽、啄趾、啄肛等恶癖的发生，需要将鸡的喙部切短，即实施“断喙术”。目前，生产中所使用的断喙器主要有两种，一种为红外断喙器，另一种为脚踏式烧烙断喙器（图 5-13）。红外断喙器对 1 日龄雏鸡实施断喙，在喙尖被红外线灼烧后不会立即脱落，约在 1 周后才会自动脱落。因这种断喙方法对鸡应激小，且不影响雏鸡吃料，是规模孵化场普遍采用的断喙方法。但这种断喙方法对设备要求较高。一般小型孵化或养殖企业仍采用传统脚踏式烧烙断喙器。这种断喙器的断喙方法和注意事项已总结在表 5-13 中。

图 5-13 断喙器

A. 红外断喙器 B. 脚踏式烧烙断喙器

表 5-13 雏鸡断喙的时间和方法

项目	要 求
断喙时间	①第 1 次断喙在 7～10 日龄时进行； ②由于第一次断喙时总会有部分鸡断喙不当，还有一部分体质较弱的雏鸡不宜断喙，因而对这两部分鸡需要另外进行补断，即第二次断喙，一般在 8～12 周龄进行
断喙方法	①鸡的保定。术者一手握鸡，拇指置于鸡的头部后端，食指放在咽部下方，其余三指放在胸部下方。在鸡喙部进入断喙器的同时，拇指轻轻向前压迫头部，食指轻轻往后勾压咽部，使鸡的舌头自然回缩。若鸡龄较大时，可用另一只手握住鸡的翅膀或双腿； ②断喙要求。断喙器的孔眼大小应使灼烧圈与鼻孔之间相距 2mm。当电刀片切除上缘 1/2 和下缘 1/3 时，保持喙部切口紧贴刀片侧面，刀片烧 2～3s
注意事项	①鸡免疫前后 2d 或鸡群健康状况不良时，不宜进行断喙； ②断喙前后各 3d，每千克饲料中添加 2～3mg 维生素 K 和 150mg 维生素 C； ③术者要准确地从雏鸡鼻孔前缘至喙尖端上缘 1/2 处、下缘 1/3 处切除喙的前部； ④断喙刀片的温度以 600～800℃为宜。此时刀片外观呈暗红色至红色，即樱桃红色，但不发亮，若发亮则温度太高； ⑤断喙人员速度要快，以每分钟 15 只左右为宜； ⑥断喙过程中要注意断喙器的维护保养。通常断喙 600 只鸡后，将刀片卸下来用细砂纸打磨，以除去因烧烙生成的氧化锈垢； ⑦断喙后 3d 内供给充足的饮水和饲料。观察雏鸡饮水是否正常；料槽中料应充足，以利于雏鸡采食，避免采食时术部碰撞槽底而导致切口流血

7. 雏鸡的日常管理

（1）观察鸡群　观察鸡群是日常管理工作的重要环节。观察雏鸡对给料的反应、采食速度、争抢程度、采食量等，以了解雏鸡的健康情况。雏鸡观察的主要内容见表5-14。

表5-14　雏鸡观察的主要内容

项目	内　容
精神状态	雏鸡是否活泼好动，精神是否饱满，眼睛是否明亮有神，有无呆立或离群独卧、低头垂翅的个体
外貌	绒毛的色泽，翅、羽毛生长和绒毛脱换情况；眼、鼻、嘴角及泄殖腔周围是否干净；嗉囊是否饱满，冠、胫、趾是否干燥、粗糙等
采食	鸡群对喂料的反应、采食速度、争抢程度、采食量等，有无不采食或采食不急的鸡
叫声	健雏叫声响亮而清脆，睡眠时发出“啾……啾……”的带颤音轻声。发出“吱吱”的长声尖叫，往往是雏鸡被笼卡住，“叽叽”低声鸡叫多由病、弱鸡发出
睡姿	睡眠安静，睡姿伸头缩腿，均匀地分布在热源的周围
呼吸状态	雏鸡有无张嘴呼吸、咳嗽、甩鼻现象，呼吸有无啰音等
啄癖现象	雏鸡有无追啄，脚趾、尾部有无啄伤，以及有无啄食脱落的羽毛、报纸等现象

在日常管理中除了观察鸡的外貌、采食行为和精神状态，还应该观察鸡的粪便，因为鸡的粪便可为了解鸡的消化和疾病诊断提供重要信息。鸡的正常粪便通常分为直肠粪和盲肠粪，二者排便比例为8∶1。直肠粪由于排便频繁，粪便通常呈棕黄色、松软的状态，并具有一定形态，上面偶见白色尿素沉积；盲肠粪因其在体内停留时间较长，通常呈咖啡色或深褐色、细条状。一些异常粪便形态及其关联的疾病见表5-15。

表5-15　鸡粪便异常及原因

粪便状态	原因	粪便状态	原因
白色稀粪	钙、磷比例失调，蛋白质过高	暗绿色稀粪	新城疫、大肠杆菌病等
白色糊状粪	消化吸收不良或鸡白痢	粪便带血	混合型球虫感染
黄白色稀粪	大肠杆菌病、新城疫、法氏囊病	粉红色粪便	早期球虫感染
水样稀粪	法氏囊病、伤寒、黄曲霉毒素或食盐中毒		

（2）清粪　笼育和网上育雏时，每2～3d清粪1次，以保持育雏舍清洁卫生。厚垫料育雏时，及时清除表层被粪便污染的垫料。注意更换饮水器附件被水打湿的垫料，注意适时翻动垫料，防止垫料板结。

（3）消毒　做好环境卫生及环境、用具的消毒，定期用癸甲溴铵（百毒杀）、新洁尔灭等消毒。

（4）记录　认真做好各项记录，包括温度、湿度、通风、耗料、免疫、投药及死淘数等。

8. 做好育雏期间的免疫　疫苗接种是预防各种禽病的有效手段，各养殖场要根据各病发生特点、季节、疾病流行特点制定合理的免疫程序，选用合格的疫苗和正确的接种方式为雏鸡接种疫苗，使雏鸡产生各种抗体，筑牢防线。常规免疫程序见表5-16。

表5-16　育雏期免疫程序

日龄（d）	疫苗名称	免疫方法
1	马立克氏病疫苗	皮下注射
2	传染性支气管炎＋新城疫二联苗	点眼
8	支原体弱毒苗	点眼
12	传染性法氏囊病多价冻干苗	饮水
18	传染性支气管炎＋新城疫二联苗	点眼
24	传染性法氏囊病冻干苗	饮水
28	鸡痘＋传染性喉气管炎二联苗	刺种
33	支原体感染＋传染性鼻炎二联苗	皮下注射
40	新城疫（Ⅳ）＋传染性支气管炎（H52株）二联苗	饮水

9. 育雏效果的评价　管理人员要对育雏工作定期进行检查评价。检查评价的内容主要有雏鸡成活率、平均体重和体重均匀程度等（表5-17）。

表5-17　育雏效果的评价方法

评价项目	评价方法
育雏期成活率	在正常情况下，雏鸡死亡曲线的高峰是在3～5日龄，从6日龄起死亡率明显下降，7日龄后只有零星的死亡现象，并多为机械性死亡。质量良好的雏鸡，整个育雏期的成活率应在98%以上
雏鸡体重的检测	第一次：称量初生重，在雏鸡入舍后开食前进行。净重除以鸡的数量，即雏鸡的平均初生重； 第二次：2周龄末进行。采取随机取样的方式，群体大时按不少于1%的比例抽取，最少不得少于50只鸡。逐只称重，计算体重平均值和变异程度； 第三次：4周龄末进行。逐只称重，样本数和计算项目与第二次相同； 第四次：6周龄末进行。逐只称重，样本数和计算项目与第二次相同

（续）

评价项目	评价方法
体重资料的利用	一方面，每次称重后将平均体重与品种标准进行比较，以便采取相应的饲养管理措施；另一方面，每次称重后，按平均体重±10%的范围统计，然后与样本量相除，计算出鸡群的均匀度
鸡群均匀度	均匀度分级：普通级：均匀度为75%～85%；优级：均匀度>85%；不合格：均匀度<70%； 均匀度差的原因：①雏鸡品质差；②舍内温度、湿度不适宜，通风换气不良；③饲养密度过大，料槽、水槽不足；④断喙过度或上下喙长短差异较大；⑤饲料质量差；⑥疾病的影响

第四节 育成鸡饲养管理技术

育成鸡又称青年鸡、后备鸡，主要指育雏结束到开产前的鸡。育成期（7～18周龄）是蛋鸡体形的决定期，也是高产潜力的决定期。育成期饲养管理技术的要点包含3个方面：①促进育成鸡体成熟的过程，保障育成鸡健壮的体质；②控制性成熟的速度，避免性早熟；③合理饲喂，防止脂肪过早沉积，导致母鸡过肥。

一、育成鸡的生理特点与生活习性

1. 有较强的生活能力 体温调节机能健全，对外界适应能力较强。鸡的羽毛已经丰满，可以抵抗0℃以下的低温（图5-14、图5-15）。对外界环境适应能力和疾病抵抗能力明显增强。但也要注意做好季节变化和转群两个关键时期的鸡群管理，防止鸡群发生疾病。

图5-14 褐色羽育成鸡

图5-15 白羽育成鸡

2. 消化能力强 雏鸡进入育成期后，胃肠容积增大，消化能力增强，采食量增加。蛋白质需要量相对稳定，因此日粮中的蛋白质含量应减少，否则会导致母鸡性早熟，培育费用增加。饲料中蛋白质含量降低，可以适当增加粗饲料，保证维生素和矿物质的需要及平衡。整个育成期体重增幅最大，但增重速度不如雏鸡快。

3. 育成后期鸡的生殖系统发育成熟　母鸡约在11周龄进入性腺发育阶段，这个阶段鸡的卵巢和输卵管同时开始发育，卵巢的重量由发育前的2g左右增加至50g左右。鸡对光照的反应开始变得敏感，如果控制不好光照，会造成早产或开产晚，影响鸡的产蛋性能。在营养的供给上既要保证性腺的正常发育，也要适当控制鸡的生长速度，避免出现提早开产，影响后期产蛋性能。

二、育成前的准备工作

1. 育成舍的准备　上批育成鸡转群后，首先对育成舍进行清理，将垫料和剩余饲料清理干净，再对舍内设备进行维修，检查供料和供水系统、通风和光照系统、供温和降温系统，发现问题及时解决。对笼具或网面进行逐一检查、修整。全部维修工作完成后，进行大清洗，用高压水枪对舍内进行彻底冲洗，然后对舍内进行喷雾消毒，有条件的鸡场还要对铁质笼具或网面进行火焰消毒。在育成鸡转群的前5d，对育成舍用甲醛熏蒸消毒，熏蒸满48h后，启动通风系统进行排风，将舍内残余的甲醛气体全部排出。如果在冬季进行转群，对舍内温度低的鸡舍还要提前供温。在转群的前1d要对转群准备使用的运输工具和笼具进行消毒。

2. 育成鸡的转群准备　转群要做好组织工作，根据人员特点分为抓鸡组、运鸡组和装鸡组。抓鸡和装鸡时要手握鸡的双胫，避免抓鸡的翅膀、尾巴和脖子。抓鸡要轻，装鸡要稳。待鸡头入笼后再将鸡身放入笼中，不能强拽硬塞。运鸡笼装鸡数量要适宜，防止运输途中出现压死鸡或闷死鸡的情况。

转群前的5h对待转鸡要停料，但不能停水。育成舍的食具和饮具中要事先分别放置好饲料与饮水，可在饮水中添加维生素C和电解质，降低转群应激。转群时对残弱鸡进行淘汰，并将体重明显偏轻的鸡规整到一个集中的区域，后期可适当加大饲料量来提高这部分鸡的体重，改善鸡群整体的均匀度。在转群当日，夜间不能熄灯，以便使鸡尽快熟悉周边环境。

三、育成鸡的饲养

1. 育成鸡的饲养　育成鸡的营养管理通常划分为两个阶段：7～14周龄和15～18周龄，这样更符合育成鸡的生理特点和生长发育对营养的需要。7～14周龄和15～18周龄适宜营养浓度见表5-18。能量和蛋白浓度在育成后期要适当降低，目的是防止鸡在育成后期生长速度过快从而影响性腺发育。适当提高饲料中钙的浓度，一方面可以满足鸡生长对钙的需求，另一方面可以使鸡逐渐适应高钙日粮，为产蛋做准备。

表 5-18　育成期关键营养素适宜浓度

周龄	营养浓度	
7～14 周龄	代谢能	11.72MJ/kg
	粗蛋白	17.5%
	钙	1.4%
15～18 周龄	代谢能	11.08～11.29MJ/kg
	粗蛋白	16%
	钙	2.5%

2. 育成鸡日粮的过渡　育成鸡阶段与育雏阶段的日粮在营养浓度含量方面有差异。在鸡进入育成期后，要用 1 周时间将育雏料换为育成鸡料。更换方法见表 5-19。

表 5-19　育成鸡日粮的过渡

时间	方法	备注
1～2d	用 2/3 的雏鸡料和 1/3 的育成鸡混合饲喂	饲料的更换以体重和跖长是否达标为准若符合标准，7 周龄后开始更换饲料；若达不到标准，则继续喂雏鸡料，待达标后再更换育成鸡料
3～4d	用 1/2 的雏鸡料和 1/2 的育成鸡混合饲喂	
5～6d	用 1/3 的雏鸡料和 2/3 的育成鸡混合饲喂	

四、育成鸡的管理技术

1. 育成期日常管理　鸡群的日常观察。发现鸡群在精神、采食、饮水、粪便等出现异常时，要及时请相关人员处理。经常淘汰残次鸡、病鸡。经常检查设备运行情况，保持喂料、供水、清粪和环控系统的正常运作。

2. 育成期体重和均匀度管理　体重是鸡群发挥良好生产性能的基础，能够客观反映鸡群发育水平。均匀度是建立在体重发育基础上的又一指标，反映了鸡群的整体质量。如果鸡群性成熟时体重达标整齐、骨骼发育良好，则鸡群开产整齐，产蛋高峰高，产蛋高峰期维持时间长。

（1）育成期不同阶段体重管理重点

①7～8 周龄称为过渡期　重点是通过转群或分群，使鸡群密度由 30 只/m^2降低到 20 只/m^2，在转群或分群过程中，注意保持舍内环境的稳定。转群前建议投饮电解多维，减小鸡群的应激。

②9～12 周龄为快速生长期　该阶段鸡的周体增重在 100～130g，重点是确保鸡群健康和体重快速增长；周体增重最好超过标准，如果不达标，后期体

重将很难弥补。

③13～18周龄为育成后期　体重增长速度随着日龄增加而逐渐减慢。鸡群体形逐渐增大，鸡笼空间拥挤；该时期免疫较多，对鸡群应激大，因此对该时期要密切关注体重和均匀度的变化趋势。

（2）均匀度的测定　为了解蛋鸡生长情况和均匀度，轻型鸡要求从6周龄开始每隔1～2周称重一次，中型鸡从4周龄后每隔1～2周称重一次，以便及时调整饲养管理措施。在测定鸡体重时，样本要有代表性，万只鸡按1%抽样，小群按5%抽样，但不能少于50只。均匀度是指群体中体重落入平均体重±10%范围内鸡所占的百分比。均匀度在70%～76%时为合格，达77%～83%为较好，达到84%～90%为良好。

（3）调整均匀度的方法　①采用适宜的饲养密度（表5-20）。密度太高，影响鸡的采食，易造成采食不均，影响鸡群的均匀度。②应提供足够的料槽，喂料要均匀。③合理分群。对体重偏轻的鸡可加大饲喂量，对体重超标的鸡应减少饲喂量，以调整鸡群的均匀度。

表5-20　育成鸡不同饲养方式下的饲养密度

饲养方式	阶段（周）	密度（只/m^2）
笼养	6～12	24
	13～18	14～18
网上平养	6～12	15～18
	13～18	10～12
地面平养	6～12	10～11
	13～18	6～8

3. 育成期光照管理

（1）光照对性成熟的影响　光照是影响蛋鸡性成熟的主要环境因素。前8周龄光照时间和强度对鸡的性成熟影响较小，8周龄以后影响较大，尤其是13～18周龄的育成后期，鸡的性腺进入快速发育期，会因光照的渐增或渐减而出现性成熟提早或延迟。因此，只有正确的光照程序，才能做到适时开产。

（2）育成期光照管理基本原则　为了防止蛋鸡提早开产，影响后期产蛋性，育成中期（7～14周龄）光照时间不能延长，建议实施8～10h的恒定光照，10lx的强度为宜。以每周延长0.5h的幅度逐渐延长光照时间。

在育成后期（15～18周龄），褐壳蛋鸡体重达1.4kg，白壳蛋鸡体重达1.1kg时，可每周延长0.5h的幅度逐渐延长光照时间，刺激卵泡发育，使鸡逐渐适应长时间光照制度，为产蛋做准备。

4. 育成期温度管理 育成期将温度控制在18～22℃，每天温差不超过2℃。夏季高温季节应采用负压通风配合湿帘降温系统，将鸡舍内温度控制在28℃以下。防止造成热应激，影响鸡的采食量和生长。冬季为了保证鸡的正常生长和舍内良好的通风换气，舍内温度要控制在13～18℃；如果有条件可以安装供暖装置，将舍温控制在18℃左右，确保温度适宜和良好的通风换气。在春、秋季节转换时期，要防止因季节变化导致鸡舍温差剧烈变化引起的冷应激。

5. 育成期疾病管理 蛋鸡育成期的免疫接种较多，要根据当地的流行病制定免疫程序，选择质量过关的疫苗和适宜的接种方法。免疫时要减少鸡群的应激，免疫后注意观察鸡群情况并在免疫后7～14d检测抗体滴度，以使保护率达标。

消毒时要内外环境兼顾，舍内消毒每天一次，舍外消毒每天两次，消毒前注意环境的清扫以确保消毒效果，消毒药严格按照配比浓度配制并定期更换消毒药。

每天要认真观察鸡群，发现病弱鸡及时隔离，并尽快查找原因，决定是否进行全群治疗，避免疾病在鸡群中蔓延。选择敏感性强、高效、低毒、经济的药物。

6. 育成期防止推迟开产的管理 在生产中5—7月培育的雏鸡容易出现开产推迟的现象，主要原因是雏鸡在夏季采食量不足，体重落后标准，在培育过程可采取以下措施：①育雏期间夜间适当开灯补饲，使鸡的体重接近于标准；②体重没有达到标准之前持续用营养水平较高的育雏料；③适当地提高育成后期饲料的营养水平，使育成鸡16周后的体重略高于标准；④18周龄之前开始增加光照时间。

第五节 产蛋鸡产蛋前的饲养管理技术

产蛋期的饲养管理目的在于最大限度地减少或消除各种逆境对蛋鸡的不利影响，为其创造一个良好的产蛋环境，充分发挥产蛋鸡的生产性能，提高蛋品质，降低死淘率和料蛋比，获得最大的经济效益。

一、产蛋鸡的生理特点

1. 开产前生殖器官快速发育，开产后身体仍在发育 蛋鸡进入14周龄后卵巢和输卵管的体积和重量增长变快，17周龄后其增长速度更快，19周龄时大部分鸡的生殖系统发育接近成熟。发育正常的母鸡14周龄时的卵巢重量约4g，18周龄时达到25g以上，22周龄能够达到50g以上（图5-16）。刚开产的母鸡虽然已性成熟，开始产蛋，但机体尚未发育完全，18 周龄体重仍在继续增长。

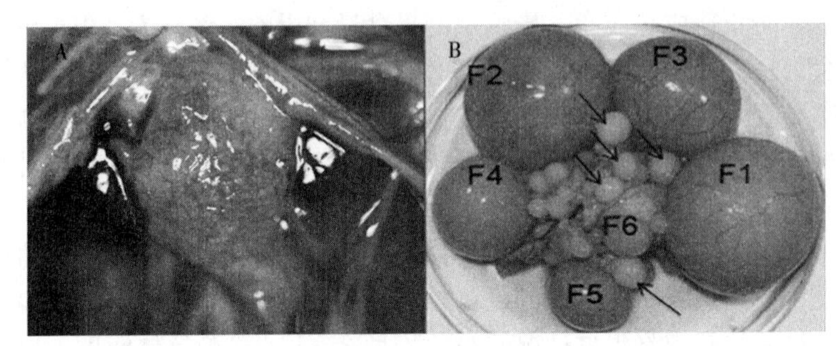

图 5-16　鸡的卵巢

A. 发育前的卵巢　B. 发育后的卵巢

2. 体重快速增加　18～22 周龄，平均每只鸡体重增加 350g 左右，这一时期体重的增加对之后产蛋高峰持续期的维持十分关键。体重增加少会表现为高峰持续期短，高峰后死淘率上升。

3. 钙的沉积能力增强　刚到性成熟时期母鸡身体贮存钙的能力明显增强。18～20 周龄鸡骨的重量增加 15～20g，其中，有 4～5g 为髓质钙。髓质钙是接近性成熟的雌性家禽所特有的，存在于长骨的骨腔内。在蛋壳形成的过程中，可将分解的钙离子释放到血液中用于形成蛋壳。髓质钙沉积不足，则在产蛋高峰期常诱发笼养蛋鸡疲劳综合征等问题。

4. 神经敏感性　产蛋鸡，特别是白壳轻型蛋鸡对环境、饲料、疫苗等产生的应激较为敏感，为了减少鸡的应激反应，应尽可能控制各种因素引起的应激，如维持饲料配方、固定饲养员、减少噪声等。

二、产蛋曲线

1. 产蛋曲线的概念　蛋鸡在性成熟后的一个产蛋年度内，将每周饲养日产蛋率标在坐标线上，并连接各点所构成的曲线，称为产蛋曲线（图 5-17）。

2. 产蛋率变化的规律　在正常情况下，产蛋率从 10%升高至 80%，以每天 2%～3%的幅度增加，一般可在 4～6 周达到产蛋高峰；产蛋率从 80%升至 90%，以每天 1%～1.5%的幅度增加；产蛋率从 90%升至 97%，以每天 0.3%～0.5%的幅度增加。选育优良的商业蛋鸡品种 90%以上产蛋率可维持 6 个月以上。在产蛋高峰过后，产蛋率以每周下降 0.5%～1.0%的幅度降低。

3. 产蛋曲线的实践意义　标准曲线是一个品种在正常情况下能达到的生产水平。蛋鸡场的目标是使群体的产蛋性能吻合标准曲线。选好品种，为高产奠定良好的遗传基础。做好育成期饲养管理工作，提高鸡群的均匀度，缩短开

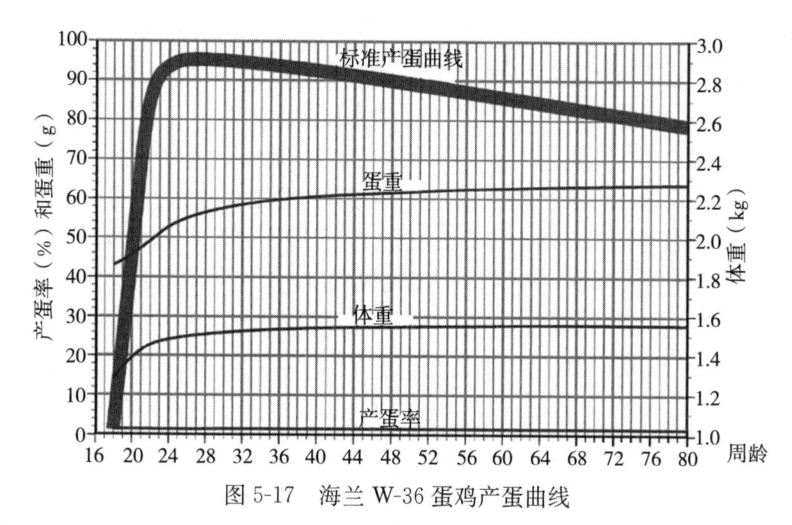

图 5-17　海兰 W-36 蛋鸡产蛋曲线

产到产蛋高峰的时间。为产蛋高峰期的蛋鸡提供足够的营养并创造良好的鸡舍环境，尽可能延长产蛋高峰的时间。合理调整产蛋高峰期后的饲喂方案，避免蛋鸡过度沉积腹脂，减缓产蛋率下降的幅度。当产蛋率出现波动（图 5-18）时要及时查明原因，消除不良影响，使产蛋率迅速恢复到正常水平。

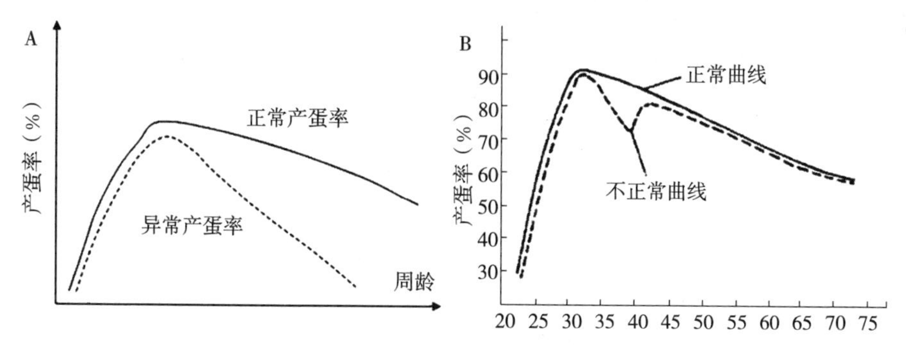

图 5-18　产蛋率异常波动

A. 在产蛋率上升期出现异常，影响将极为严重，鸡群不会达标准高峰，损失难以弥补，均匀度变差
B. 在产蛋高峰后出现波动，消除影响因素后，产蛋率一般可以恢复

三、产蛋期饲养技术

1. 蛋鸡产蛋期营养需求的特点

（1）能量　能量是影响蛋鸡产蛋性能的第一要素。通常，蛋鸡在产蛋高峰期的能量每天需 1.2MJ 左右。但日粮能量水平也取决于母鸡体重、产蛋变化、环境温度等因素。环境温度对鸡的能量需要影响很大，如白来航母鸡的每日代谢能需要量，当气温高于 29℃时代谢能约为 4.73MJ，气温低于 0℃时，若鸡舍没有供暖装置，代谢能需要量达 6.65MJ。但蛋鸡产蛋性能对蛋白质、氨基

酸、维生素和矿物质的绝对需求量几乎无影响。为了保证蛋鸡摄入足够的能量，特别是在炎热的夏季，日粮中添加1%的油脂来提高日粮能量浓度，对缓解热应激，提高能量摄入量和产蛋性能都有好处。

(2) 粗蛋白　尽管蛋白对蛋鸡产蛋性能的影响不及能量，但当蛋白摄入不足时也会影响蛋鸡的产蛋性能和蛋重。为了维持正常的产蛋性能，蛋鸡每日粗蛋白的摄入量要达到17g以上。日粮中蛋白质的利用效率很大程度上取决于日粮中氨基酸的组成。日粮的氨基酸构成越接近产蛋鸡的需要量，日粮蛋白质的利用率就越高。蛋氨酸和赖氨酸是产蛋鸡玉米-豆粕型日粮中的限制性氨基酸。为了维持蛋鸡正常的产蛋性能，赖氨酸的摄入量为每天每只700mg，蛋氨酸的摄入量为每天每只350mg。因此，产蛋鸡日粮中添加蛋氨酸和赖氨酸可提高蛋白质的利用率。

(3) 钙和磷　蛋壳形成过程中所需要的钙有60%～75%由饲料供给，其余由髓质骨供给。但在产蛋过程中抽调的骨钙必须通过饲料钙再补回去。否则，将造成蛋鸡减产、软壳蛋、骨质疏松等情况。通常，蛋鸡料中钙的添加量在3.5%～4.5%。另外，补钙的同时必须补磷。在蛋鸡料中，磷的含量在0.5%左右。

2. 蛋鸡不同产蛋阶段营养需求的特点

(1) 产蛋初期　在开产前1个月，鸡的日采食量变化很小，从开产前4d起，日采食量减少20%，且保持低采食量至开产。在开产的最初4d内，采食量迅速增加。此后采食量以中等速度增加，直到产蛋第4周后，采食量增加缓慢。从开产前2～3周至开产后1周，母鸡体重增加340～450g，其后体重增加特别缓慢。在产蛋初期日粮中添加一定量的脂肪，不仅能提高日粮中的能量水平，而且能改善日粮的适口性，提高日粮的采食量。

日粮蛋白质、氨基酸含量对产蛋期的产蛋量和蛋重都有影响，但对产蛋初期的蛋重无明显影响。产蛋期前8～10周的日粮应添加2.0%～2.5%的脂肪，至少含有20%的亚油酸，代谢能不低于11.6MJ/kg。蛋白含量不低于16%，含有足够量的赖氨酸、苏氨酸和色氨酸。含有3.5%的钙，且为粗颗粒钙。

(2) 产蛋高峰期　从26～28周龄进入产蛋高峰期直到45周龄，产蛋率达到90%左右，蛋重从开产时40g提高到56g以上。母鸡体重增加也较快，一般体重从1 350g增至约1 800g。产蛋高峰期应使用高营养水平日粮，对维持较长的产蛋高峰至关重要，应特别注意提高蛋白质、氨基酸（特别是蛋氨酸）、矿物质和维生素水平，并且应保持营养物质的平衡。

(3) 产蛋后期　产蛋高峰过后（46～80周龄）。蛋鸡已经成熟，产蛋率下降，而蛋重则有所增加。另外，产蛋高峰过后的鸡群，采食量较固定。随着周龄增加，养分摄入过剩，体重增加，饲料利用效率下降。此时，一般采用限制饲养，避免能量摄入过多，引起脂肪肝从而影响产蛋。

四、产蛋期的管理技术

1. 产蛋前的准备工作

（1）产蛋鸡舍的整理和物品、用具的准备　转群前对鸡舍进行全面检查和修理。认真检查喂料系统、饮水、供电照明、通风排水系统和笼具及笼架等设备，如有异常立即维修，保证鸡入笼时可完好正常使用。所需的各种用具、必需的药品、器械、记录表格和饲料都要在入笼前准备好，安排好饲养人员，定人定鸡。

（2）对产蛋鸡舍及设备进行清洗和消毒　喷洒消毒（用百毒杀或过氧乙酸等对舍内进行喷雾消毒）→清理设备（移出用具并在舍外指定地点进行冲刷、晾晒、消毒）→鸡舍清扫→用水冲洗→火焰消毒→设备复位→喷洒消毒（封闭门窗及通风孔，选用2%～3%的氢氧化钠溶液或10%的石灰水等按顶棚、墙壁、鸡笼及设备、地面的顺序进行喷洒）→熏蒸消毒，待进鸡前3d打开门窗散发消毒水的气味。对料库和值班室也要熏蒸消毒。用5%～8%氢氧化钠溶液喷洒距鸡舍周围5m以内的环境和道路。

（3）准备更换饲料　蛋鸡料与青年鸡料相比，在蛋白和钙的含量方面有一定差异。蛋鸡料中钙的含量通常在3.5%，而青年鸡料中的钙的含量通常只有1%～2.5%。另外，蛋鸡料中粗蛋白含量通常比青年鸡料中的粗蛋白高1%～2%，代谢能高0.5～1MJ/kg。因此，在鸡进入产蛋期后需要1周左右完成换料。换料方法与育雏料到育成鸡料的更换方法一样。

2. 产蛋高峰期的管理

（1）饲喂管理　要选择优质饲料，确保饲料营养的全价与稳定且新鲜、充足。监测日耗料量，可选取1%～2%的鸡进行人工饲喂。每天喂料量减去次日清晨剩余料量后所得值除以鸡数，即为鸡只日耗料量（g/d）。当前后两天日耗料量（或日耗料量与推荐标准日耗料量相比）相差10%时，要开始关注鸡群的健康状况，采取针对性应对措施。用鸡只日耗料量乘以鸡只饲养量，即为每天喂料量。饲喂时，要求定时定量，分批饲喂。建议每天至少饲喂3次，匀料3次。每天开灯后3～4h，关灯前2～3h是鸡群的采食高峰期，要确保饲料供给充足，使鸡储备足够的能量，用于夜间蛋的形成。高温季节，鸡采食量下降，营养摄取不足，进而影响生产性能发挥。为保证夏季鸡采食量达标，推荐在夜间补光2h。补光原则为前暗区要比后暗区长，且后暗区不得小于2.5h。

（2）饮水管理　注意饮水卫生，要定期清洗饮水器具和冲洗水线。做好养殖场区的粪污管理，做到雨污分流，防止污染地下水，影响鸡的健康。定期抽检水质，如发现问题，要及时查找原因，及时纠正。要经常检查自动饮水系统，防止出现水线堵塞造成鸡缺水；及时修复损坏的饮水器，防止漏水打湿鸡的羽毛。采用合理的饲养密度，饮水器具按每 6 只鸡准备一个乳头式饮水器、每 10 只鸡准备一个直径 20cm 的钟型饮水器的比例准备，保证所采用的养殖密度不会影响鸡的饮水。

在放养条件下，要为鸡提供充足的饮水。春、秋季每只鸡每天需水量为 200mL 左右，料水比为 1∶1.8；夏季饮水量为 270～280mL，料水比为 1∶3；冬季饮水量为 100～110mL，料水比为 1∶0.9。用干料喂鸡时，饮水量为采食量的 2 倍；用湿料喂鸡，供水量可适当减少。

鸡的饮水量除与气温高低有关外，还可以作为观察鸡群是否有潜在疾病或中毒的依据。鸡在发病时，首先表现饮水量降低，食欲下降，产蛋量有变化，然后才出现症状，有的急性病例根本看不到症状。但鸡中毒后则相反，饮水量会突然增加。

（3）通风管理　通风是调节鸡舍空气质量和有害气体含量的有效手段。在现代超大型鸡舍中都配有自动化控制系统，根据设定温度和有害气体浓度控制通风系统（图 5-19）。在产蛋期间，鸡舍理想的温度应控制在 15～27℃之间，昼夜温差控制在 3～6℃以内，湿度 50%～65%，NH_3 浓度＜$25mg/m^3$，CO_2 浓度＜1%，H_2S＜$10mg/m^3$。当鸡舍温度＞27℃时，推荐的通风量为每只鸡 $9.5m^3/h$；鸡舍温度在 15～27℃之间，适宜通风量为每只鸡 $7.5m^3/h$；鸡舍温度＜15℃时，适宜通风量为每只鸡 $5.6m^3/h$。

（4）光照管理　合理的光照能刺激排卵，增加产蛋量。因此，在开产前 2 周，以光照时间每周增加 30min 的幅度逐渐延长光照时间，在 30 周龄，鸡进入产蛋高峰时光照时间达 16h，之后维持 16h 恒定的光照时间，直到蛋鸡淘汰。光照强度以 30lx 为宜。人工补充光照，在早晨天亮前效果最好。补充光照时，舍内地面以每平方米 3～5W 为宜。灯距地面 2m 左右，最好安装灯罩聚光，灯与灯之间的距离约 3m，以保证舍内各处得到均匀的光照。

（5）温度管理　鸡全身有羽毛且无汗腺，这个生物学特点决定了鸡是一种耐寒不耐热的动物。若夏季鸡舍温度偏高，则极易造成鸡的热应激，影响产蛋和鸡的健康。蛋鸡舍适宜的温度为 13～23℃，当环境温度高于 27℃时，环境温度每升高 1℃，采食量降低 1.1%，产蛋率降低 2%。当环境温度高于 35℃时，鸡可能发生热昏厥。在高温天气，可通过加大通风量，开启湿帘，降低鸡舍温度。在鸡舍安装喷雾装置，或使用手压式喷雾器降低鸡舍温度。

其他缓解热应激的措施：①降低养殖密度；②在日粮中添加维生素 C、维生素 E 和 $NaHCO_3$；③供给足量清洁的饮水。

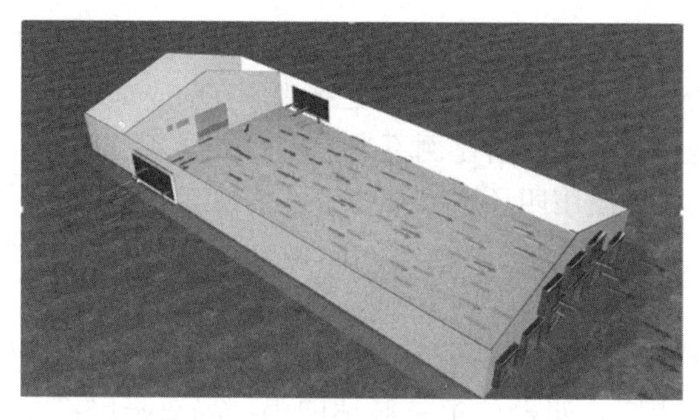

图 5-19　负压通风配合湿帘降温系统的工作原理示意

（6）湿度管理　产蛋鸡最适宜的湿度为 60%～70%。如果舍内湿度过低，会造成蛋鸡皮肤干燥，鸡舍粉尘增多，诱发呼吸道疾病；如果舍内湿度过高，会增加鸡的体感温度，加剧热应激。同时，高温高湿环境也容易滋生病菌，引起疾病。鸡舍湿度偏高时，应加大通风量，及时清理鸡粪；湿度偏低时可通过喷雾的方法，提高舍内湿度。

（7）产蛋高峰期鸡的健康状况和产蛋性能判断方法

①检查鸡冠　鸡冠是鸡的第二性征，鸡冠的发育程度与鸡群本身的健康状况有很大关系。鸡冠正常呈鲜红色，手摸质地饱满有温度（图 5-20）。鸡进入产蛋期后，由于营养物质的流失，特别是高产鸡，鸡冠都不同程度地有些发白和倾斜。因为鸡冠是鸡的身体外缘，营养不足时它表现得最敏感。如果鸡冠顶端发紫或深蓝色，一般见于高热疾病，如新城疫、禽流感、鸡霍乱等；如果鸡冠上面有黑色坏死点，除鸡痘和蚊虫叮咬外，应考虑禽流感、非典型新城疫或鸡白痢等；如果鸡冠苍白、萎缩或颜色淡黄，手捏质地发软，则常见于禽流感、非典型新城疫、产蛋下降综合征、变异性传染性支气管炎；如果鸡冠萎缩特别严重，输卵管也会萎缩；如果鸡冠表面颜色淡黄且表面覆盖石灰样白霜，则见于细菌性疾病；如果鸡冠整个呈蓝紫色，且发软，表面布满石灰样白霜，则基本丧失生产性能，属淘汰之列。

图 5-20　蛋鸡正常鸡冠的形态

②观察蛋壳质量和颜色　正常蛋壳表面均匀，呈褐色或褐白色；异常蛋壳的出现，如软壳蛋、薄壳蛋，多为缺乏维生素 D_3 或饲料中钙含量不足所致；蛋壳粗糙，多是饲料中钙、磷比例不当，或钙质过多引起，若蛋壳为异常的白壳或黄壳，则是大量使用四环素或某些带黄色易沉淀的物质所致；蛋壳由棕色变白色，应怀疑某些药物使用过多，或鸡患新城疫或传染性喉气管炎等传染病。

③观察鸡群外表　正常的高产鸡鸡冠会随产蛋日期增长而微有发白，脸部呈红白色，嘴部变白。如果产蛋高峰期的鸡，鸡冠呈鲜红色、挺直，羽毛鲜亮，腿部发黄，肛门干燥无法翻肛，则为母鸡雄性化的表现，或是不产蛋的假母鸡，应淘汰；如果鸡群中有鸡精神沉郁，眼睛似睁似闭，应挑出单独饲养（图 5-21）。观察鸡群羽毛发育情况，如果鸡群头顶脱毛且脚趾开裂，则为缺乏泛酸的症状；如果脚趾开裂且整个腿部跗关节以下鳞片角化严重，则为锌缺乏症状，应及时补充锌。

图 5-21　精神状态不佳的鸡

④观察产蛋情况　产蛋高峰期的蛋鸡，如果产蛋率突然下降 20%，可能是由惊吓、高温环境或缺水所引起；下降 40%～50%，则应考虑蛋鸡是否患有产蛋下降综合征或饲料中毒等。蛋白变为粉红色，则是饲料中棉籽饼量过高，或饮水中铁离子偏高导致的；蛋白稀薄是使用磺胺药或某些驱虫药导致的；蛋白有异味是对鱼粉的吸收利用不良导致的；蛋白内有血斑、肉斑，多为输卵管发炎，分泌过多黏液与少量血色素混合的产物。70%～80%的蛋鸡多在 12：00 前产蛋，剩余 20%～30%于 14：00—16：00 前产完。如果发现鸡群产蛋时间参差不齐，甚至有夜间产蛋，均属异常表现，说明鸡群中已有鸡只发病。

（8）蛋鸡无产蛋高峰的主要原因

①饲养管理方面

A. 饲养密度　受资金、场地、设备等因素的限制，或者饲养者片面追求饲养规模，造成育雏和育成期养殖的密度过高，影响鸡的采食和饮水，造成鸡群均匀度变差，使鸡群难以达到产蛋高峰，或达到产蛋高峰的时间明显延长。

B. 控制性成熟　育成期性成熟控制不当会造成开产前体成熟与性成熟不同步。由于育成期营养过剩和光照时间过长，造成鸡开产日龄提前，产蛋率攀升时间变长，表现为产蛋高峰上不去，高峰持续时间短，蛋重低，死亡淘汰率高。另外，开产日龄偏晚，全期耗料量增加，料蛋比高。

C. 光照管理　蛋鸡每天有14～15h的光照就能满足产蛋高峰期的需求。补光时一定要按时开关灯，否则就会扰乱蛋鸡对光刺激形成的反应。电灯应安装在离地面1.8～2m的高度，灯（40W灯泡）与灯之间的距离相等，补充光照宜逐渐延长，在进入高峰期时，光照要保持相对稳定，强度要适合。

D. 热应激　蛋鸡的产蛋高峰期在25～35周龄，这一时期蛋鸡产蛋生理机能最旺盛，必须有效利用这一宝贵的时期。若在早春育雏，鸡群产蛋高峰期就在夏季，如果鸡舍防暑降温措施不得力，舍内温度偏高，蛋鸡采食量下降，会出现无产蛋高峰的现象。

②饲料质量问题　目前市场上销售的饲料由于生产地区、单位和批次的差异，其质量也参差不齐。一些养殖户片面地考虑饲料的价格，忽视饲料的营养价值，盲目更换饲料，造成蛋鸡粗蛋白、氨基酸、钙、磷等营养素摄入不足，也会影响产蛋高峰的出现。

③疾病侵扰　传染病早期发病造成生殖系统永久性损害（如肾型传染性支气管炎感染造成的假母鸡），使鸡群产蛋难以达到高峰。蛋鸡从开产到产蛋高峰这段产蛋率上升期非常关键，如果在这一时期发生大肠杆菌病、慢性呼吸道病等疾病，经常造成卵黄性腹膜炎、生殖系统炎症而使产蛋率上升缓慢或停滞，鸡群难以出现产蛋高峰。

3. 产蛋后期的管理技术

（1）产蛋后期鸡群的特点　当鸡群产蛋率由高峰降至80%以下时，就转入了产蛋后期（54周龄至淘汰）的管理阶段。这个阶段，鸡群的生理特点是：鸡群产蛋性能逐渐下降，蛋变大，蛋壳逐渐变薄，破损率逐渐增加。鸡沉积脂肪的能力增强。鸡群产蛋所需的营养逐渐减少，多余的营养有可能变成脂肪使鸡变肥。由于产蛋后期抗体水平逐渐下降，对疾病抵抗力也逐渐减弱，并且对各种应激比较敏感。部分鸡开始换羽。

产蛋后期是鸡群生产性能平稳下降的阶段，这个阶段鸡只体重几乎没有变化，但是蛋重增大、蛋壳质量变差，且脂肪沉积，易患输卵管炎、肠炎。然而产蛋后期占整个产蛋期的50%，且部分养殖户在500多日龄淘汰时，产蛋率仍维持在70%以上的水平，因此，产蛋后期应对日粮中的营养水平加以调整，以适应鸡的营养需求并减少饲料浪费，降低饲料成本。

（2）产蛋后期鸡群的管理要点

①适当降低日粮营养浓度　防止鸡只过肥造成产蛋性能快速下降，加大杂粕类原料的使用比例。若鸡群产蛋率高于80%，可以继续使用产蛋鸡高峰期饲料；若产蛋率低于80%，则应使用产蛋后期料。喂料时，实施少喂、勤添、勤匀料的原则。料线不超过料槽的1/3；加强匀料环节，保证每天至少匀料3次，分别在早、中、晚进行。

②增加日粮中钙的含量　产蛋高峰期过后，蛋壳品质往往很差，破蛋率增加。贝壳、石粉和磷酸氢钙是良好的钙来源。在每日15：00—16：00，除了通过饲料提供钙外，也可按每100只鸡每日补充500g贝壳或石粉的量额外补钙，加强夜间形成蛋壳的强度，有效地改变蛋壳品质。

③产蛋后期体重监测　轻型蛋鸡（白壳）产蛋后期一般不必限饲，但中型蛋鸡（褐壳）在产蛋后期易出现过度沉积脂肪体况太肥的问题，可进行限饲。限饲的程度要根据产蛋率是否以正常幅度（每周下降0.5%～1%）下降来定，最大限饲量为6%～7%。限饲要在充分了解鸡群状况的条件下进行，每周监测鸡群体重，称重结果与所饲养的品种标准体重进行对比，体重超重了再进行限饲，直到体重达标。观测肥鸡、瘦鸡的比例，调整饲喂计划，及时淘汰低产鸡。另外，也可在饲料中添加一些促进脂肪代谢的添加剂，如添加0.1%～0.15%的氯化胆碱，预防产蛋后期的鸡出现肥胖和脂肪肝。

（3）及时淘汰低产和停产鸡　及时淘汰低产和停产鸡，可减少饲料浪费，降低养殖成本。同时，部分低产鸡可能患有疾病，及时淘汰也能防止疾病进一步扩散。一般每2～4周检查淘汰1次。低产、停产和患病鸡有以下特征：

①看羽毛　产蛋鸡羽毛较陈旧，但不蓬乱，病弱鸡羽毛蓬乱，低产鸡羽毛脱落，正在换羽或已提前换完羽。

②看冠、肉垂　产蛋鸡的鸡冠、肉垂大而红润，病弱鸡苍白或萎缩，低产鸡已萎缩。

③看粪便　产蛋母鸡排粪多而松散，呈棕黄色，顶部有白色尿酸盐沉积或呈墨绿色（由盲肠排出），病鸡腹泻且排出物颜色不正常。低产鸡粪便较硬，呈条状。

④看耻骨间距离　高产蛋鸡耻骨间可容下3～4指，腹部柔软，低产和停产蛋鸡耻骨间距小于2指（图5-22）。

⑤看腹部　产蛋鸡腹部松软适宜，不过度膨大或缩小。有淋巴白血病、腹腔积水或卵黄性腹膜炎的病鸡，腹部膨大且腹内可能有坚硬的疙瘩，低产鸡腹部狭窄收缩。

⑥看肛门　产蛋鸡肛门湿润易扩张，输卵管可外翻；低产鸡肛门紧缩，输卵管无法外翻（图5-23）。

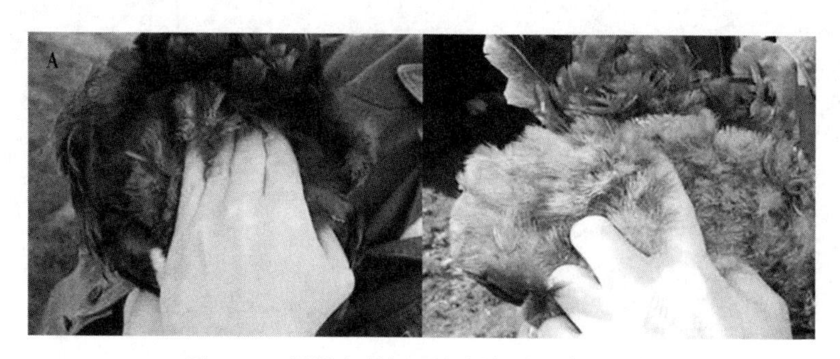

图 5-22　根据耻骨间距离判断鸡的产蛋性能

A. 高产蛋鸡耻骨间距较宽，能容得下 3～4 指　B. 低产或停产蛋鸡耻骨间距较窄，只能容下 1～2 指

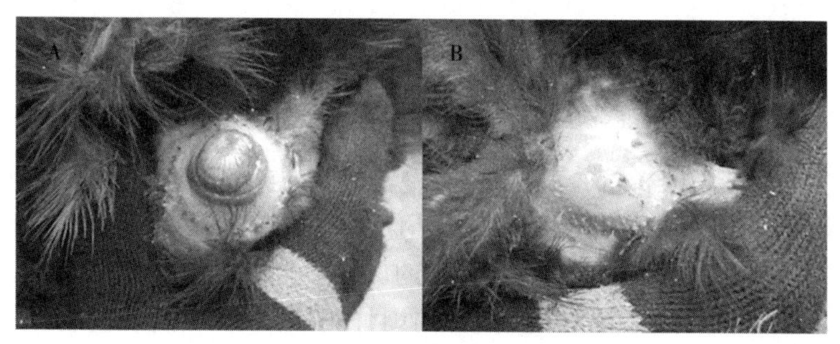

图 5-23　高产和停产蛋鸡肛门

A. 高产蛋鸡肛门湿润、易扩张　B. 停产蛋鸡肛门紧缩，不易扩张

4. 做好防疫管理工作

（1）卫生管理严格按照每周卫生清扫计划打扫舍内卫生　必须保证舍内环境卫生及饮水的清洁卫生，避免条件性疾病的发生。饮水管或者饮水槽每 1～2 周消毒 1 次（可用过氧乙酸溶液或高锰酸钾溶液）。

（2）根据抗体水平的变化实施免疫　有抗体检测条件的养殖企业要根据抗体水平，制定免疫程序，特别是对新城疫、禽流感、传染性支气管炎等常见病的防控；没有抗体检测条件的，新城疫和传染性支气管炎每 2 个月免疫 1 次，禽流感每 3～4 个月免疫 1 次。

（3）预防坏死性肠炎、脂肪肝等病的发生　夏季是肠炎的高发季节，除做好日常的饲养管理外，可在饲料中添加适宜的抗生素来预防。防止霉菌毒素、球虫感染损伤消化道黏膜而继发其他疾病。保护肠道黏膜，减少预防性用药次数，增加用药间隔时间。

（王哲鹏）

第六章　肉鸡生产

第一节　白羽肉种鸡饲养管理技术

一、白羽肉种鸡代表品种

1. 艾维茵　艾维茵（Avian）肉鸡是美国艾维茵国际家禽公司育成的优秀四系配套肉鸡。该鸡种在国内肉鸡市场上占有40%以上的比例。艾维茵鸡是由增重快、成活率高的父系和产蛋量高的母系杂交选育而成的。其特点是繁殖力强，抗逆性强，死淘率低。该品种的肉仔鸡增重快、料肉比高，适应性也强，成活率高，胴体美观，羽根细小，肉质细嫩，适于各种方法烹饪、加工。

父母代种鸡生产性能为：产蛋率达到50%的入舍母鸡成活率95%，产蛋率达到50%的日龄为175～182日龄，高峰产蛋周龄为32～33周龄，高峰产蛋率85%，平均产蛋率56%，高峰孵化率90%，平均孵化率85.6%。入舍母鸡产种蛋数173～180枚，出雏数149～154只，67周母鸡体重3.58～3.74kg，产蛋期死亡率7%～10%。

商品代鸡生长速度在适宜条件下，4周龄体重1.0kg，料肉比1.58∶1；5周龄体重1.4kg，料肉比1.72∶1；6周龄体重1.9kg，料肉比1.85∶1；7周龄体重2.3kg，料肉比1.97∶1。

2. 爱拔益加　爱拔益加（Arbor Acres，简称AA）肉鸡是美国爱拔益加公司培育的四系配套肉鸡。我国已经多年引入祖代种鸡，其饲养量较大，饲养效果也较好。其父母代种鸡产量高，并可利用快慢羽自别雌雄，商品仔鸡生长快、适应性强。该鸡体形较大，商品代肉用仔鸡呈白色羽毛，生长发育快，饲养周期短，料肉比高，耐粗饲，适应性和抗病力强。

AA父母代种鸡生产性能为：入舍母鸡平均产蛋率64%，产蛋期平均成活率92%。50%产蛋率周龄为25周龄。入舍母鸡产蛋数186枚，可提供雏鸡151只。

商品代鸡生长速度快，6周龄体重可达2.5kg，料肉比1.75∶1；7周龄体重 3kg，料肉比 1.9∶1。

3. 罗斯 308　罗斯 308（Ross308）肉鸡是英国罗斯育种公司培育成功的四系配套优质白羽肉鸡良种。其突出特点是体质健壮，成活率高，增重速度快，产肉率高，料肉比高；其父母代种鸡生产的合格种蛋多，受精率与孵化率高，能产出最大数量的健雏。商品代鸡可实现羽速自别雌雄。商品肉鸡适合全鸡、分割和深加工。

罗斯 308 父母代种鸡开产早，育成成本低。父母代种鸡成年鸡体重：公鸡 2.6kg，母鸡 2.4kg。产蛋性能：66 周龄入舍母鸡总产蛋 186 枚，提供种蛋 177 枚，提供健雏 149 只，平均孵化率 85%。

商品代鸡 7 周龄末平均体重可达 3.05kg，可以提早出栏，大大降低了肉鸡饲养后期的风险；6 周龄料肉比为 1.7∶1；7 周龄料肉比为 1.82∶1。

4. 科宝 500　科宝（Cobb）500 肉鸡是美国 Tyson 食品国际家禽公司培育的白羽肉鸡品种。科宝 500 体形大，胸深背阔，全身白羽，鸡头大小适中，单冠直立，虹彩橙黄，脚高而粗。

父母代鸡 24 周龄开产，体重为 2.7kg，30～32 周龄达到产蛋高峰，产蛋率 86%～87%，66 周龄产蛋 175 枚，全期受精率 87%，平均孵化率 87%，每只母鸡可产商品代雏鸡 117.88 只。

商品代肉鸡生长快，均匀度好，肌肉丰满，肉质鲜美。40～45 日龄上市，体重 2.0kg 以上，全期成活率 95.2%。屠宰率高，45 日龄公母鸡平均半净膛率 85.5%，全净膛率 79.38%，胸腿肌率 31.57%。

二、白羽肉种鸡的饲养管理

1. 白羽肉种鸡生理阶段的划分　白羽肉种鸡由于生长速度快，其育雏期比蛋鸡育雏期短，为 0～3 周龄。4～24 周龄为育成期，25～65 周龄为产蛋期。

2. 环境管理

（1）饲养密度　饲养密度是影响鸡采食、饮水和生长的重要因素，采取适宜的饲养密度对保障白羽肉种鸡的生长发育非常重要。在采用平养系统养殖时，可参考表 6-1 推荐的饲养密度养殖白羽肉种鸡。

表 6-1　白羽肉种鸡平养饲养密度

日龄（d）	饲养密度（只/m^2）
1～3	40
4～6	25
7～9	10
＞10	3～4（公），4～8（母）

此外，养殖者在制定适宜饲养密度时还应该将鸡的采食和饮水空间纳入考虑范畴。白羽肉种鸡在各阶段、各饲喂系统（图 6-1）下适宜采食和饮水空间可参考表 6-2 和表 6-3 管理。如果用钟型喂料器饲喂，喂料桶的高度应与鸡背部持平为宜，如果用乳头式饮水器喂鸡，鸡在抬头喝水时身体与地面形成的夹角为 45°，此时水线的高度较为适宜。

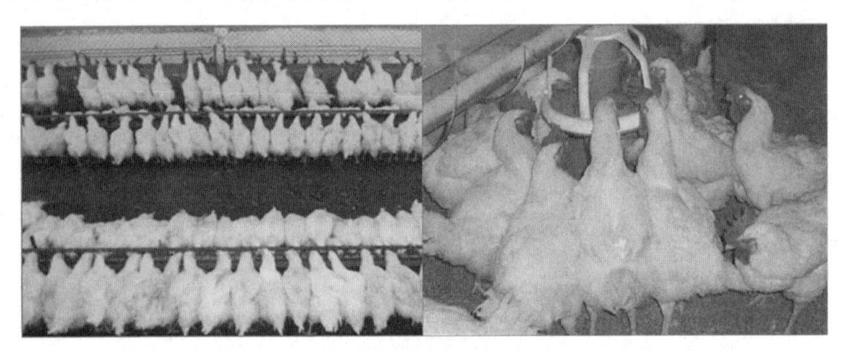

图 6-1　食槽和盘式喂料系统

表 6-2　各生理阶段白羽肉种鸡采食空间

日龄（d）	饲喂空间			
	公鸡		母鸡	
	食槽（cm）	料盘/筒（cm）	食槽（cm）	料盘/筒（cm）
0～35	5	5	5	4
36～70	10	9	10	8
>70	15	11	15	10

表 6-3　白羽肉种鸡饮水空间

饮水器类型	饮水空间
钟型饮水器	1.5cm
乳头式饮水器	8～12 只/饮水器

（2）光照　在育雏阶段（0～3 周龄），为了让鸡熟悉环境，满足早期快速生长的营养需求，采用长时间光照（表 6-4）。在 3 周龄以后，为了防止白羽肉种鸡因生长速度过快和光照刺激过强而出现提早开产的问题，要严格限制光照时间（表 6-4）。从 20 周龄开始，逐渐延长光照时间，通过光照刺激促进卵泡发育和排卵。白羽肉种鸡在进入产蛋期后可维持 16h 的恒定光照时间。

表 6-4　白羽肉种鸡后备期阶段光照制度

日龄（d）	光照时间（h）	光照强度
1	23	舍内强度 10～20lx，育雏区光照强度 80～100lx
2	23	
3	19	
4	16	
5	14	
6	12	舍内强度 10～20lx，育雏区光照强度 30～60lx
7	11	
8	10	
9	9	
10～140	8	
>140		10～20lx

（3）温度和湿度　白羽肉种鸡生长速度快，育雏期短，因此，育雏期温度比蛋鸡育雏期温度低，且保温时间短。一般在育雏前 3d 维持 27.3～30.8℃，4～12d 维持 25.7～29.9℃即可满足育雏对温度的要求（表 6-5），2 周以后即可撤去热源。育雏前 3d 的理想湿度为 60%～70%，之后维持 50%～60%的湿度即可（表 6-5）。对白羽肉种鸡育雏期间的温度管理虽不及蛋鸡严格，但也要根据鸡的行为表现及时调整鸡舍温度（图 6-2），以免鸡发病。

表 6-5　白羽肉种鸡育雏温度和湿度

日龄（d）	温度（℃）	湿度（%）
1	29.2～30.8	60～70
3	27.3～28.9	
6	27.7～29.9	50～60
9	26.7～28.6	
12	25.7～27.8	
15	24.8～26.8	
18	23.6～25.5	
21	22.7～24.7	
24	21.7～23.5	
27	20.7～22.7	

（4）通风　白羽肉种鸡的体重<2.2kg 时，鸡舍内的最小通风量可参考表

图 6-2　白羽肉种鸡在不同育雏温度下的行为表现
A. 育雏温度适宜，鸡苗均匀分布在养殖区域　B. 育雏温度偏低，鸡苗向热源靠近，扎堆
C. 育雏温度偏高，鸡苗远离热源，靠向墙角

5-11；体重＞2.2kg 时，可参考表 6-6。

表 6-6　鸡舍最小通风量

体重（kg）	每只鸡最小通风量（m^3/h）	体重（kg）	每只鸡最小通风量（m^3/h）
2.2	1.56	3.8	2.35
2.4	1.67	4.0	2.44
2.6	1.77	4.2	2.53
2.8	1.87	4.4	2.62
3.0	1.97	4.6	2.71
3.2	2.07	4.8	2.80
3.4	2.16	5.0	2.89
3.6	2.26		

3. 限制饲喂　简称限饲，是指对体重超标的鸡，在较短期限内通过限制其进食日粮的数量或质量来控制鸡生长速度的一种饲喂方法。

（1）方法　限饲分为限质法和限量法。限质法是通过降低日粮营养浓度减少鸡营养的摄入量，达到限制其生长的目的。限量法是通过减少饲喂量来控制鸡的生长。限质法由于需要修改饲料配方在生产中并不常用，而限量法因操作简便，是目前生产中常用的限饲方法。但限量法对动物福利有不利影响，易造成饥饿、抢食、公鸡好斗性增强、觅食行为受限、饱食性休克等一系列问题。

限量法可每天减少饲喂量，如只喂正常量的 70%；也可以通过设定不同的喂料和限饲天数来实施，如隔日限饲、喂四限三、喂五限二和喂六限一。这几种限饲方法的区别在于限饲的严格程度不同，其中，喂六限一和喂五限二适合对幼龄和快要开产的肉种鸡实施，其余几种限饲方法较为严格，适合对体重超标严重或处于育成中期（7～20 周龄）的种鸡实施。

（2）作用

①肉种鸡生长速度快，如果在育成期不控制采食，很可能因生长发育速度过快而出现提早产蛋的现象。这种鸡往往后期产蛋力不足。因此，限饲具有控制肉种鸡性成熟，使其体成熟与性成熟同步的作用。

②提高鸡群的均匀度。

③维持标准体重。

④在育成期实施限饲，一般至少可节省 10％的饲料。

⑤延长产蛋周期，减少产蛋期间的死淘率。

（3）注意事项

①不可盲目进行，应根据鸡的生长情况决定是否实施限饲及制度限饲方案。

②从 3 周龄开始每周抽测鸡群体重，根据生长发育状况及时调整限饲方法。

③限制饲喂前应整理一次鸡群。

④限饲应与控制光照相结合，可减少限饲对鸡产生的负面影响。

⑤应激状态下应停止限饲，如果鸡群发病或遇极端天气应停止限饲。

（4）限饲效果的检查　可通过检查鸡群的均匀度和开产日龄来评估。通过限饲，鸡群在开产时的均匀度应该达到 75％以上，25 周龄可开产。

4. 公母分群饲养　在肉种鸡生长期阶段，由于公鸡和母鸡生长发育规律、行为和对环境的要求不同，最好采用公母分群饲养。

①生长速度不同，公鸡 4 周龄较母鸡快 13％，6 周龄较母鸡快 20％，20 周龄较母鸡快 30％。

②营养需要不同，母鸡料蛋白以 18％～20％为宜，而公鸡料中蛋白含量达到 25％仍可被很好地利用。

③公鸡羽毛生长慢，母鸡羽毛生长快，因此公母鸡对环境温度和垫料的厚度需求不同。

④采食速度不同，公鸡采食慢于母鸡。

⑤优胜等级影响采食，公母混群饲养，母鸡采食会受公鸡影响。

5. 白羽肉鸡疫病防控　疫病防控是保障肉种鸡健康和高产的基础工作。除了做好消毒、卫生、环境调控等常规防控工作外，疫苗接种是疫病防控最为有效的手段。表 6-7 列出了白羽肉种鸡可参考的免疫程序，各养殖场应根据季节、流行病特点、抗体滴度、鸡的年龄灵活调整，制定适合本场的免疫程序。

表 6-7 白羽肉种鸡养殖周期免疫程序

免疫日龄	免疫项目	免疫方法	免疫剂量
1 日龄	新城疫 VH 株＋传染性支气管炎 H120＋肾型传染性支气管炎 28/86 株	滴鼻、点眼	1 剂量
6 日龄	病毒性关节炎灭活疫苗	注射	1 剂量
11 日龄	新城疫 LaSota 株＋传染性支气管炎 H120 株＋肾型传染性支气管炎 28/86 株	滴鼻、点眼	1.5 剂量
14 日龄	传染性法氏囊病疫苗	饮水	1 剂量
	新城疫 LaSota 株＋禽流感 H9、H5 疫苗	注射	各 0.3mL
22 日龄	新城疫 LaSota 株＋鸡痘疫苗	气雾、滴鼻、刺种	1mL，1 羽份
30 日龄	传染性法氏囊病疫苗	饮水	1 剂量
36 日龄	鸡毒支原体疫苗	饮水	1 剂量
	新城疫 LaSota 株＋禽流感 H9、H5 疫苗	注射	各 0.4mL
45 日龄	新城疫 LaSota 株	气雾、滴鼻、刺种	2 剂量
50 日龄	鸡病毒性关节炎灭活疫苗	注射	1 剂量
60 日龄	鸡传染性喉气管炎疫苗	饮水	1 剂量
80 日龄	鼻炎＋传染性支气管炎 H52 株	饮水	0.4mL/1 剂量
92 日龄	新城疫 LaSota 株＋禽流感 H9、H5 疫苗	注射、气雾、滴鼻、刺种	0.4mL/2 剂量
105 日龄	鸡传染性喉气管炎疫苗	饮水	1 剂量
115 日龄	鸡产蛋下降综合征（EDS-76）＋鸡脑脊髓炎＋鸡痘	注射、刺种	0.5mL
125 日龄	鸡毒支原体疫苗	饮水	1 剂量
140 日龄	新城疫 LaSota 株＋禽流感 H9、H5 疫苗	注射、气雾、滴鼻、刺种	0.4mL/3 剂量
155 日龄	新城疫＋支气管炎＋法氏囊病＋病毒性关节炎＋传染性鼻炎五联苗	注射	0.5mL
175 日龄	新城疫 LaSota 株＋禽流感 H9、H5 疫苗	注射、气雾、滴鼻、刺种	0.5mL/3 剂量
29 周龄	新城疫 LaSota 株	气雾、滴鼻、刺种	3 剂量
32 周龄	新城疫 LaSota 株＋禽流感 H9、H5 疫苗	注射、气雾、滴鼻、刺种	0.5mL/3 剂量

（续）

免疫日龄	免疫项目	免疫方法	免疫剂量
36周龄	新城疫LaSota株	气雾、滴鼻、刺种	3剂量
39周龄	新城疫LaSota株＋禽流感H9、H5疫苗	注射、气雾、滴鼻、刺种	0.5mL/3剂量
45周龄	新城疫LaSota株＋禽流感H9、H5疫苗	注射、气雾、滴鼻、刺种	0.5mL
47周龄	新城疫＋支气管炎＋法氏囊病三联苗	注射	0.5mL
52周龄	新城疫LaSota株＋禽流感H9、H5疫苗	注射、气雾、滴鼻、刺种	0.5mL/3剂量
59周龄	新城疫LaSota株＋禽流感H9、H5疫苗	注射、气雾、滴鼻、刺种	0.5mL/3剂量

第二节 白羽快大型肉仔鸡饲养管理技术

白羽快大型肉仔鸡是指经配套系杂交，不论公母，饲喂到6～9周龄即可屠宰上市的专用肉鸡。

一、快大型肉仔鸡生产的特点

1. 早期生长发育快 10周龄前，肉鸡生长发育较快，料肉比较低。随着周龄增加，生长强度将逐渐降低，料肉比逐渐增加（表6-8）。因此，白羽肉鸡在合适的体重时出栏对降低养殖成本有重要意义。

表6-8 爱拔益加肉鸡1～10周龄生长性能

周龄	体重（g）	日增重（g）	日采食量（g）	累计采食量（g）	料肉比
1	204	22.94	36	172	0.845
2	512	44.12	69	550	1.074
3	978	66.53	109	1 190	1.216
4	1 567	84.1	150	2 118	1.352
5	2 226	94.09	186	3 314	1.489
6	2 901	96.5	212	4 724	1.628
7	3 552	92.93	228	6 276	1.767
8	4 150	85.42	234	7 901	1.904
9	4 680	75.81	233	9 539	2.038
10	5 139	65.55	226	11 145	2.169

2. 饲养周期短 肉仔鸡6～7周龄即可达上市标准体重，每年可生产6～7批。

3. 体重均匀度高 现代肉鸡经过选育，不仅要求生长快，料肉比低（耗料省），成活率高，而且均匀度较好，出栏均匀度可达80%，给自动化屠宰创造条件。

4. 屠宰率高 白羽肉鸡在2.5～3.5kg上市时的屠宰率可达72.0%～74.0%，胸肌率可达23.83%～24.96%，腿肌率为16.58%～17.10%。由于饲养周期短，鸡肉的肉质细嫩多汁、脂肪含量低。

二、快大型肉仔鸡的饲养

1. 饲养方式 肉仔鸡有地面垫料平养、网上平养和笼养3种饲养方式（图6-3）。地面垫料平养节省劳力，投资少，肉仔鸡残次品少，但球虫病难以控制，药品和垫料开支大，鸡只占地面积大。网上平养做到了鸡与粪的分离，有利于球虫病的防治，但同样存在养殖密度低的问题。为提高肉鸡的饲养密度，近年来，笼养逐渐成为肉鸡主流养殖方式。但笼养由于笼底质地硬，肉鸡胸腿病发病率比较高。通过在笼底铺软质塑料网能明显改善肉鸡胸囊肿和腿病的发病率。

图6-3 肉仔鸡养殖的3种方式
A. 地面垫料平养 B. 网上平养 C. 笼养

2. 白羽肉仔鸡的饲养

（1）肉鸡料粒径和营养特点 白羽肉仔鸡早期阶段生长速度快，为了满足肉仔鸡快速生长对营养的需求，应为肉仔鸡提供高能高蛋白饲料（表6-9）。但在饲养中后期应适当降低蛋白质和能量水平，并适当限制光照，以减少脂肪蓄积、腿病和猝死综合征的发生率。

表6-9 白羽肉鸡各阶段饲料中能量和蛋白的适宜含量

营养成分	前期料（0～21日龄）	中期料（22～37日龄）	后期料（38日龄至上市）
粗蛋白	23.0%	20.0%	18.5%
代谢能（MJ/kg）	13.0	13.4	13.4

除了饲料中的粗蛋白和能量影响肉鸡的生长外，饲料的形状（表 6-10）也是影响肉鸡采食量和饲料转化率的一个重要因素。研磨太小的饲料对采食量、体重和饲料转化率有负面影响。

表 6-10　不同时期肉鸡颗粒料的形状

日龄（d）	饲料类型	颗粒料的形状
0～10	前期料	长 1.5～3.0mm，直径 1.6～2.4mm
11～18	中期料	长 4.0～7.0mm，直径 1.6～2.4mm
19～24	中期料	长 5.0～8.0mm，直径 3.0～4.0mm
＞25	后期料	长 5.0～8.0mm，直径 3.0～4.0mm

（2）进雏和开食　选择无鸡白痢、无支原体病，站立平稳，活泼健壮，发育良好的健雏。按先饮水后开食的原则，在雏鸡入舍后应立即为雏鸡提供清洁的温水，在饮水 2～3h 开始喂料。前 1～3d，每 2h 喂一次料；3d 后每 4h 喂一次料。开食可用小米、玉米糁等，之后可用全价颗粒饲料饲喂。

（3）饮水　雏鸡出壳后能否及时饮水或在饲养过程中能否供给新鲜清洁的饮水对肉鸡正常生长发育极为重要。要在 6～12h 接到育雏室，立即饮水。在长途运输时，时间可放宽些。对不会饮水的雏鸡，可将鸡嘴浸入水中，让雏鸡对水建立条件反射，逐步学会饮水。为了缓解应激反应，可在饮水中加 5%～8%的白糖，以补充能量；在饮水中加入一些口服液，以增强鸡体抗病力。注意供给饮水新鲜清洁，符合饮用标准。饮水器做到每天清洗和消毒一次。饮水量一般是采食量的 2～3 倍，但受气温影响大。注意根据肉雏鸡的不同周龄，及时更换不同型号的饮水器，如育雏开始时用小型饮水器，4～5 日龄将其移至自动饮水器附近，7～10 日龄待鸡习惯自动饮水器时，去掉小型饮水器。饮水器数量要足够，分布要均匀，饮水器距地面的高度随鸡龄不断调整，与鸡背水平一致。

（4）公母分群饲养

①按公母调整日粮营养水平　公鸡较母鸡能更有效地利用高蛋白饲料，前期 25%，中期和后期分别为 21%和 19%；母鸡食用高蛋白会将多余的蛋白质转化为脂肪，故中期和后期日粮粗蛋白含量可分别降低至 19%和 17.5%。

②提供不同的环境条件　公鸡羽毛生长慢，前期要求舍温略高；后期公鸡比母鸡怕热，温度宜低。公鸡胸囊肿较严重，可给予更松软的厚垫料。

③按经济效益分期出售　母鸡 7 周龄后体脂蓄积程度较公鸡严重，生长速度下降，饲料报酬下降，因此适宜 7 周龄前出售。公鸡到 9 周龄后生长速度才开始下降，因此可比母鸡晚 2 周出售，以此取得理想的养殖效益。

三、白羽肉仔鸡的管理

1. 温度 白羽肉仔鸡育雏期温度可参考白羽肉种鸡的温控程序执行。保温装置可采用地暖、热风炉、保温伞、红外灯等装置（图 6-4）。

图 6-4 育雏供热装置
A. 地热供暖 B. 保温伞 C. 红外灯

2. 湿度 在 0～3 日龄，鸡舍湿度应维持在 60%～70%，之后应维持 50%～60%的湿度。如果湿度太低，易引起脱水、粉尘增大、诱发呼吸道疾病等问题，如果湿度太高，垫料比较湿，会增加肉鸡腿病的发病率。

3. 光照 光照是影响肉鸡健康和生长的一个重要因素。为了提高肉鸡的采食量，加快肉鸡的生长速度，一些养殖户采用了长时间（22～24h）光照制度，但过快的生长及长时间光照下肉鸡不能得到充分休息等使肉鸡的死淘率较高。研究表明，在 17h 光照制度下，肉鸡的生长性能、饲料利用率和死淘率均能取得理想的结果（图 6-5）。

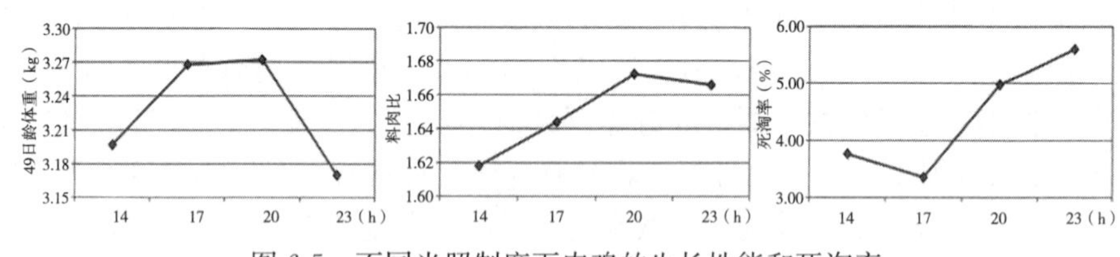

图 6-5 不同光照制度下肉鸡的生长性能和死淘率

4. 通风 通风是调节鸡舍温度和空气质量的重要手段。影响鸡舍空气质量的因素有粉尘、氨气、二氧化碳、一氧化碳和过量的水蒸气等。不良的空气质量将造成鸡易患呼吸道疾病。为了控制鸡舍内的有害气体、粉尘、水蒸气含量，在肉鸡养殖过程中应根据鸡舍温度和体重进行合理通风。在实际应用中，应根据环境温度设置适宜的通风量（表 6-11）。在管理通风系统时，除了参考表 6-11 的最小通风量参数，还应注意空气流速，避免因流速太快造成鸡感冒，特别是对幼龄鸡，一般要求 7 日龄以内的鸡，空气流速不应超过0.15m/s。

表 6-11　不同体重白羽肉鸡养殖过程中的最小通风量

体重 (kg)	每只鸡最小通风量 (m^3/h)	体重 (kg)	每只鸡最小通风量 (m^3/h)	体重 (kg)	每只鸡最小通风量 (m^3/h)
0.05	0.08	0.75	0.696	1.9	1.398
0.10	0.141	0.80	0.731	2.0	1.453
0.15	0.208	0.85	0.765	2.2	1.561
0.20	0.258	0.90	0.798	2.4	1.666
0.25	0.305	0.95	0.831	2.6	1.769
0.30	0.35	1.0	0.864	2.8	1.87
0.35	0.393	1.1	0.928	3.0	1.969
0.40	0.435	1.2	0.991	3.2	2.067
0.45	0.475	1.3	1.052	3.4	2.163
0.50	0.514	1.4	1.112	3.6	2.258
0.55	0.552	1.5	1.171	3.8	2.352
0.60	0.589	1.6	1.229	4.0	2.444
0.65	0.625	1.7	1.286	4.2	2.535
0.70	0.661	1.8	1.343	4.4	2.625

5. 饲养密度　养殖密度是影响肉鸡采食、饮水和鸡舍环境的一个重要因素。制定适宜的饲养密度要综合考虑养殖方法、鸡舍环境控制能力、鸡的体重和采食饮水等因素。表 6-12 列出了地面垫料平养和网上平养方式下不同体重肉鸡的适宜饲养密度，笼养时密度可比平养高 1 倍以上。

表 6-12　不同体重肉仔鸡的饲养密度

体重（kg）	垫料平养（只/m^2）	网上平养（只/m^2）
1.4	14	17
1.8	11	14
2.3	9	10.5
2.7	7.5	9
3.2	6.5	8

6. 垫料管理　在地面垫料平养系统中，肉鸡的整个养殖周期均在垫料上完成。因此，垫料的管理对肉鸡的健康非常重要。常用的垫料种类有刨花、锯末、稻草、稻谷壳、小麦秸、甘蔗渣、剁碎的秸秆、沙子、玉米芯、燕麦壳、干树叶等，一般铺 5～10cm。在垫料的管理方面，要注意经常翻动垫料，防止鸡粪在垫料表面结块或因为经常踩踏发生板结，要经常更换饮水器周围被水打

湿的垫料，在饲养后期可加厚垫料防止胸囊肿的发生，在每养完一批鸡要将表层 1/2 垫料进行更换。

第三节　肉鸡饲养管理技术

一、黄羽肉鸡的代表品种

截至 2014 年，通过国家品种审定的黄羽肉鸡品种（配套系）已有 45 个，其中配套系 44 个、培育品种 1 个，这些品种（配套系）由各高校、科研院所或育种企业培育而成，这些品种基本能够满足不同的市场需求，并且各项生产性能较好且稳定，占据了大部分的市场份额。其中，知名度和市场占有率较高的品牌有岭南黄鸡、新兴黄鸡、江村黄鸡、墟岗黄鸡等。

1. 快长型品种　快长型品种主要以广东、四川、江苏、浙江及安徽地区的市场为主，多为国外引进的快长型品种和本地品种杂交后培育而成的。快长型品种生长速度较快、饲料转化率高、胸肌发达，一般 60 日龄前上市，上市公、母鸡平均体重达 1.3～1.5kg。市场对其体形外貌要求不高，也不一定具有典型的“三黄”特征，但要求一致性好。一般采用舍内笼养或平养的方式进行公母混养，也可以公母分开饲养以提高整齐度。由于公母之间生长速度不同但售价基本相同，造成饲养者往往比较偏向饲养生长更快的公鸡，以缩短养殖周期，提高生产效率，因此公鸡苗的价格一般高于母鸡苗。代表品种有岭南黄鸡Ⅰ号配套系、岭南黄鸡Ⅱ号配套系、新兴黄鸡Ⅱ号配套系鸡、江村黄鸡 JH-2 号配套系、京星黄鸡 102 配套系、新广黄鸡 K996 等。

2. 中速型品种　中速型品种以香港、澳门和广东为主要市场，多为地方品种经过杂交改良后的新品种。要求在 60～90 日龄上市，上市体重达到1.5～2.0kg。毛色为黄羽或麻羽，但要求毛色光亮、冠大而直立、胸肌发达、体形滚圆、胫矮而粗。市场对这类品种鸡体形外貌和口味要求比快长型品种高，生长速度次之。饲养方式及消费习惯同快长型品种一样，一般采用舍内笼养或平养的方式进行公母混养。但某些地区对公母鸡的偏爱不同，因此也有的仅饲养公鸡或母鸡，售价也有所不同。代表品种有地方品种（固始鸡、崇仁麻鸡、鹿苑鸡、丝羽乌骨鸡等）和商业品种（新兴麻鸡Ⅳ号配套系、新兴矮脚黄鸡配套系、新兴竹丝鸡Ⅲ号配套系等）。

3. 慢速型品种　慢速型品种以广西、广东等华南地区为主要消费市场。一般为未经杂交改良的地方鸡种或含有较多地方鸡种血缘的杂交品种。要求母鸡在 90 日龄后上市，体重达 1.1～1.5kg。其中，又可细分为两类：①90～110 日龄上市的优质仿土鸡，母鸡体重 1.3～1.5kg；②120 日龄或更长时间上市的特优质型，母鸡体重 1.1～1.3kg，此时个别鸡已经开始产蛋，肉质鲜美，是目前最高档的优质肉鸡。市场对慢速型品种鸡的体形外貌要求极为严格，一般要求为楔形或U形、体态优美、圆润、尾羽较短、胫短而细、早熟性好，冠大红而直立、皮薄而嫩。大多采用山地、果园等生态放养方式，通常情况下只饲养母鸡（公鸡基本无人饲养或用作阉鸡），使鸡能自由采食昆虫和杂草，同时补喂少量饲料，有时还用中草药、灵芝、葵花籽等特殊饲料进行饲喂。代表品种有地方品种（清远麻鸡、惠阳胡须鸡、杏花鸡、文昌鸡等）和商业品种（岭南黄鸡Ⅲ号配套系、三高青脚黄鸡Ⅲ号配套系等）。

4. 国外黄羽肉鸡业的发展现状　随着中国黄羽肉鸡产业的迅猛发展和西方国家对放牧饲养肉鸡需求的增加，国外大型育种公司开始重视黄羽肉鸡的育种，如美国科宝公司先后整合了法国萨索公司和意大利卡比尔国际育种公司这两家以有色羽鸡育种为主的力量，开始进行黄羽肉鸡的育种。法国克里莫集团的哈伯德公司已经面向中国推出了黄羽肉鸡产品。

二、黄羽肉鸡生态养殖技术

生态养鸡又称散养或放养，是根据各地的区域特点，在果园、经济林、玉米、高粱等地套养蛋鸡、肉鸡等，养出的鸡风味独特、品质好、味道鲜美，颇受消费者欢迎，经济效益高。生态养殖是传统养殖方法和现代养殖方法的结合，也是生态农业与效益农业融合的典范。

1. 放养场地的选择　封山后的沟壑、果园、林地均可养殖黄羽肉鸡。其中，苹果园、桃园、桑果园、梨园在闲果期均可养殖，苗木期的果园不宜养殖。林地养殖以林木疏密适中的阔叶林或混交林为宜，树下植被良好、土壤肥沃、松软、土层深厚，场地不易积水，最好带有15°～40°的坡度。场地应远离采石场、工厂等易产生噪声的区域，同时应远离居民区，但交通、水电应及时解决。

（1）农田养殖模式　是将水稻生长期的特点、鸭的生理生活习性、水稻病虫害发病规律和稻田中饲料生物的消长规律性四者结合起来的种养模式。鸡的稻田养殖模式是利用闲置责任田实行放养。稻田里掉落的稻穗和稻田内的虫子、虫卵、各种杂草、草籽等，都是鸡的好饲料，这种养殖模式既可将自然资源充分利用，减少环境污染，又能提高鸡肉品质和风味，适应市场需求，同时能减少作物来年的病虫害。

（2）三园养殖模式　利用三园（果园、竹园、茶园）的生态环境养鸡，以自由采食野草和昆虫为主，人工补喂混合精料为辅。由于园内地势空阔，空气新鲜，鸡能捕食大量昆虫和野生杂草，同时增加了鸡的活动量，使鸡的抗病力增强，肉质鲜美，符合市场消费的趋势。如在园内利用空闲地种植优质饲用牧草（如黑麦草），不仅可减少饲料的用量，大幅度降低饲养成本，还可以给鸡提供丰富的蛋白质、维生素等营养物质。三园生态养鸡重在营建“鸡食园中虫草-鸡粪肥园养树草-树为鸡避雨挡风遮炎日”的生态链。

（3）林地养殖模式　林地养鸡是根据本地黄羽肉鸡耐粗饲、适宜散养的特性，在成片林地开展放养的养殖模式。林地养鸡在沿江（湖）内外垸（滩）成片林地进行最适宜，且技术要求不高，养殖户易于掌握并推广。选择树木稀疏、地势高、排水良好、树冠较小、环境安静、空气清新的地方，使鸡能自由觅食、休息、晒太阳和活动。山区林地最好是灌木丛、荆棘林、果园或阔叶林等，以沙壤土质为佳，若是黏质土壤，在放养区应设立一块沙地。鸡舍建在向阳南坡，附近有池塘、小溪等清洁水源的地方。

（4）草场养殖模式　草场的虫草资源丰富，大量的绿色植物、昆虫、草籽和土壤中的矿物质可被鸡群采食。近年来草场频频发生蝗灾，而牧鸡灭蝗有显著效果，配合灯光、激素等诱虫技术，可使草场虫害的发生率大幅度降低。草场应选择地势高燥的场地，最好有树木可以为鸡群遮阴或下雨提供庇护场所，若无树木则需搭设庇护场所。

2. 放养场地的建设

（1）建围栏　栏高 1.5～2.0m，2～3m/桩，网眼大小以鸡头不能伸出为宜。

（2）建鸡舍、避雨棚等设施　放养场地鸡舍以每栋 500～1 000 只鸡为宜。鸡舍内设栖架，高 40～120cm，训练鸡上栖架休息；设产蛋箱、鸡笼等，每个蛋箱 4～5 只鸡，蛋箱内铺稻草，蛋箱外 1m 范围铺细沙或锯末面。如果涉及育雏，还需要建育雏舍。

3. 放养饲养的生产模式

（1）优质肉鸡生产模式　优质肉鸡养殖期为 90～150d，1 年可养 2～3 批鸡。在 4 周龄体重达到 300g 时可放养。

（2）蛋肉兼用生产模式　365d 生产模式：1 月上旬进雏（冬季育雏）→3 月放养→6 月中上旬见蛋→跨年元旦左右淘汰。500d 生产模式：4 月下旬至 5 月上旬进雏→6 月中旬放养→10 月上旬产蛋→10 月下旬淘汰。365d 模式适合于北方地区使用，在天冷时淘汰鸡。500d 生产模式适合于南方地区使用，产蛋周期长，养殖效益好。放养时间与优质肉鸡生产模式相同。

4. 生态养殖饲养管理技术

（1）放养初期的适应性训练　黄羽肉鸡在育雏期（0～4 周龄）的饲养管理可参考蛋鸡育雏期的饲养管理。4 周龄以后，鸡体重达到 300g 以上视天气情况进行放养。由育雏室突然转移到放牧地，环境的变化会很大，放养前的适应性训练对雏鸡适应新环境在很大程度上起决定性作用。

①饲料和胃肠的训练　为了适应放养期大量采食青饲料以及虫体饲料的特

点，应在育雏期进行饲料和胃肠的适应性训练。即在放牧前1～3周有意识地在育雏料中由少到多地添加青菜和青草，有条件的鸡场可添加一定量的虫体饲料（蝇蛆、黄粉虫、蚯蚓等），使其胃肠得到应有的训练。

②温度的训练　放牧前后，雏鸡要从温度相对恒定的育雏舍向气温多变的野外转移。在育雏后期应将育雏舍的温度逐渐降低，使其逐渐适应室外气候条件。

③管理、防疫、活动量的训练　刚开始放牧的雏鸡进入田间后，活动量会成倍增加，短期内的不适应性会使雏鸡疲劳，从而诱发多种疾病。在育雏后期，应将雏鸡的活动量和活动范围逐渐扩大，增强其体质，以适应放养环境。育雏后期的饲喂次数、饮水方式、管理形式等方面应尽可能与放养条件下的管理模式接近。为避免放养后应激性疾病的出现，可将适量的维生素C或复合维生素添加在补饲饲料或饮水中，以预防应激。同时，按照免疫程序进行免疫。

（2）分群放养和季节选择　雏鸡40～50d脱温后，北方地区5—6月，中南部地区3—4月，开始放养时气温不低于20℃。一年四季均可放养产蛋鸡。

①放养日的选择　应选择温度适宜的晴天，在晚上进行转群。将灯关闭后，打开手电筒，把红布蒙在手电筒头部，使之发出暗淡的红光。将雏鸡轻轻转移到运输笼，然后装车。根据原分群计划，将鸡一次性放入鸡舍，在放牧地的鸡舍过夜。

②饲喂方法　最初1～5d内仍按舍饲喂量给料，日喂3次。5d后要限制饲料喂量，递减饲料分成两步：5～10d饲料喂量占舍饲日粮的70%；10d后直至出栏，饲料喂量占舍饲日粮的30%～50%，日喂1～2次。饲槽放在离鸡舍1～5m处，让鸡自由觅食，不要惊吓鸡群。饲料与育雏期的饲料相同，不要骤变。

③放养范围　前几天，每天有较短的放养时间，以后将放养时间逐渐增加。可设围栏限制，避免个别雏鸡乱跑而不会自行返回，并不断将放养面积扩大。

（3）调教　雏鸡的调教训练在育雏期就开始进行，放养开始时调教训练要强化。育雏期在投料时进行适应性训练，可用哨声。放养期早晨放牧时，一位饲养员拿料桶边走边将颗粒料抛撒在地上（如玉米），并敲击料桶或吹口哨，避开浓密草丛，把雏鸡领向放养地；另一饲养员在后面用竹竿驱赶留在棚舍及后面的雏鸡，直到鸡群全部进入放养场地。中午把补料槽和水槽设置在放养区内，加入少量清洁水和配合饲料，用同一信号引导鸡群进行采食，同时驱赶提前归舍的雏鸡。傍晚时用同样的方法进行归舍训练。如此反复训练7～10d，可使鸡建立条件反射。

（4）放养的规模和密度　根据经济条件、养鸡技术水平、果园或农田面积、人力资源状况来确定饲养规模。开始时规模最好不要过大，几百只上千只即可。第一年喂养 500～800 只，有经验以后再向2 000～3 000 只发展。规模较大的鸡场可采用大规模、小群体的方式，每个群体不超过 500 只，每个养殖小区（13 333～20 000m^2）建造一个鸡舍，并呈棋盘形布列，每个鸡舍容纳 300～500 只鸡。

（5）日常管理

①定时、定量补饲　补饲要定时、定量，不要随意改动，这样可增强鸡的条件反射。夏、秋季可以少补，春、冬季多补一些；补料量视鸡的采食情况而定。在傍晚时补料一次，尽量使每只鸡都吃饱，因此，必须摆放足够的食槽。

②供给充足的饮水　野外放养鸡的活动空间较大，一般不会有争抢食物的问题存在。但野外自然水源较少，在鸡活动的范围内必须保证供给洁净、充足的水源，特别是夏季更应如此。否则，就会对鸡的生长发育产生影响，甚至引起疾病。

③疫病控制　放养鸡要定期进行防疫驱虫，按疫病防疫程序定期接种疫苗和预防性投药、驱虫、消毒。服用微生态制剂，通过改变肠道环境或肠道内有益菌来形成优势菌群，以抑制致病菌群达到防病治病、提高成活率、降低成本的目的。

④预防兽害　生态养鸡有很多天敌，如黄鼠狼、鹰、野狗、老鼠、蛇等，这些动物对放养鸡可能造成危害。在放养鸡前应灭一次鼠，但使用的药物应注意，以免将鸡毒死。在鸡舍外面搭个小棚，每 100 只鸡配养 1～2 只鹅，有动静的时候，鹅会鸣叫，人员可以及时查看。管理人员住在鸡舍旁对防止野生动物的靠近也有帮助。在放养的地方种植凤仙花、八角莲、万年青、半边莲、观音竹等，可预防蛇进入对鸡造成伤害。

⑤鸡粪发酵生虫　在放牧场内利用经发酵杀菌处理后的猪粪、鸡粪加20％的肥土和 3％的糠麸拌匀堆成堆后，覆膜发酵 7d 左右，将发酵料铺在砖砌地面或 50cm 宽、70cm 长、30cm 深的坑中，用草盖好，保持潮湿，20d 左右即长出蛆、虫、蚯蚓等，每天将发酵料翻撒一部分，供鸡食用，可节约饲料。

⑥防止农药中毒　果园需要定期喷洒药物，可防止病虫害，应选择对鸡无毒害的生物农药，防止对鸡造成伤害。喷洒农药当天及之后 7～10d 需要把鸡圈养在非喷药区或采取轮牧方式，不能在喷药后的果园内采集青绿饲料喂鸡。另外，在外面采集青草也需要了解这些地方在近期内有没有喷洒过农药，以保证安全。在选择果树品种时，优先考虑抗虫、抗病品种，尽量减少喷药次数，避免对鸡产生影响。

⑦鸡粪和病鸡、死鸡无害化处理　鸡粪要在远离鸡舍的下风区发酵处理，周围用网围住，以防止鸡刨食。死鸡要深埋或焚烧或无害化处理，绝不可食用或销售。

⑧预防风雨、冰雹的伤害　放养鸡非疫病死亡的主要原因之一是暴雨、冰雹。因此，在暴风雨或冰雹来临前及时将鸡群召回棚舍。

（王哲鹏）

第七章 水禽生产

第一节 饲养管理技术

一、肉鸭的饲养管理

（一）育雏期的饲养管理

1. 育雏期饲养管理要点 肉鸭1～3周龄为雏鸭。

（1）密度 雏鸭的饲养密度与生长速度的关系非常密切。雏鸭生长较快，对保温要求高，饲养密度应根据季节、育雏舍构造、饲养设备、管理水平等条件进行不同的调整，保持在标准范围之内。网上平养饲养密度比地面平养的密度大，保温和通风等条件好的养殖密度可大一些。网上平养时，1周龄雏鸭适宜的饲养密度为25～30只/m^2，2周龄为15～25只/m^2，3周龄不得超过15只/m^2。地面饲养时，将雏鸭室分为不同的小区域，每个区域保持在40m^2左右，放400只左右的鸭苗，1～2周分1次群。要适时进行强弱分群，将弱雏单独挑出加强饲喂，减少残次成鸭数量，并对于残次雏鸭应尽早淘汰，以免浪费饲料，减少经济损失。

（2）温度 雏鸭调节自身体温的能力较差，主要依赖环境温度来维持体温，因此适宜的育雏温度是育雏成功的关键。掌握适宜的育雏温度，要遵循鸭龄从小到大温度逐渐下降的原则，日龄越小的雏鸭对温度要求越高。此外，应根据不同的季节变化，适当进行降温、升温和保温工作，且夜间温度应比白天高出1～2℃，以保证雏鸭始终处于适宜的温度环境中。育雏适宜温度见表7-1。

表7-1 育雏适宜温度

日龄	温度
1～5	33℃下降至29℃
6～10	29℃下降至26℃

（续）

日龄	温度
11～15	24℃
16～21	17～19℃

掌握适宜的育雏温度主要看两个方面：一是看舍内温度计的指示温度。但要注意温度计悬挂的高度和位置，温度计悬挂高度应在鸭子自然站立时的背高上方 10cm 处，悬挂位置应与火炉和墙壁距离适中，且便于饲养人员观察；二是要观察鸭群的生存状态，若雏鸭采食饮水正常，精神状态良好，散开活动、分布均匀、很安静，三五成群或单个躺卧时姿势很舒展，伸颈展翅，食后静卧无声，表明温度合适；若雏鸭趋于拥挤或扎堆，缩颈耸肩，零散的雏鸭不断向堆里钻或往堆上爬，并发出“嘎嘎”的叫声，表明温度过低或有贼风存在；若雏鸭远离热源、张开翅膀、张嘴喘气，表明温度偏高。

（3）湿度　湿度对雏鸭生长发育影响较大，湿度过高或过低都会影响肉鸭的生长和健康。肉鸭育雏期的湿度控制，主要是对其育雏舍的相对湿度进行控制，育雏第 1 周雏鸭舍适宜的相对湿度应为 65%，可避免雏鸭因呼吸干燥空气而散发体内大量水分，有利于雏鸭卵黄的吸收，保证机体正常功能。随着日龄增加，其体重、呼吸量和排泄物也会增加，加上饮水时出现的溅洒，因此应适当降低湿度，一般应在 50%～55%。

可采用带鸭消毒的方法，往鸭舍内喷水，提高湿度。随着日龄增加，排泄量增多，应注意防止湿度过大，保持舍内干燥，及时清除粪便，保持通风良好。第 2 周相对湿度控制为 60%，后期以卫生干燥为宜。可通过通风和加热控制湿度，如果湿度过大，最好选择在中午或天气暖和时候进行通风；如果鸭舍内过于干燥，可以向鸭舍内的空气适当喷洒清水或者消毒液来增加湿度，但一定要在保证温度的情况下进行。鸭舍内环境湿度过高，易引发曲霉菌感染和肠炎；环境湿度过低，易造成尘土飞扬，易诱发传染性浆膜炎。

（4）通风　育雏期雏鸭的新陈代谢加快，受水和排泄物的影响饲养环境较为潮湿，并产生大量的氨和硫化氢等有害气体，需要通风换气，排出室内污浊的空气和有害气体，并调节室内的温度与湿度，使湿度和温度能保持在一个平衡状态。通风换气是为雏鸭提供新鲜空气的有效途径。要掌握通风从上到下、从小到大的原则。在饲养管理中，0～7 日龄可不必通风，1 周后，应在每天中午前后阳光充足时打开门窗换气，以改善室内环境。

（5）光照　光照对雏鸭的生长发育极为重要，良好的光照能让雏鸭血液循环畅通，可促进雏鸭机体新陈代谢，有利于维生素 D 和色素的形成、骨骼的快速生长，提高生产效率。雏鸭开始采食后摄取量小、摄食速度慢。为保证雏鸭有足够的摄食和饮水时间，1～3 日龄鸭群可以用 40W 的光进行光照，持续 24h，以利于雏鸭饮水及采食；4 日龄后，逐渐缩短光照时间，每周减少 3～4h，适时添加鱼肝油，冬季额外加红糖与生姜；3 周龄起通常不再增加人工光照，利用自然光照即可。

2. 育雏期饲养管理方法

（1）育雏前的准备

①根据生产计划、饲养密度与鸭舍面积，估算饲养数量。

②做好清扫和消毒工作　在进雏前，将育雏舍彻底清扫，选用 10%～20%石灰水、2%～5%氢氧化钠溶液或其他消毒液喷洒地面、墙壁、门窗等，并采用福尔马林密闭加热进行消毒 24h，每立方米用福尔马林 25～30mL。洗净的用具用消毒液浸泡，干燥后放入育雏舍一起熏蒸消毒。

③准备好养鸭用具　每 100 只鸭配置开食盘 10 个、小饲料桶 10 个、中饲料桶 10 个、大饲料桶 2 个（直径为 50～60cm）、中饮水器 10 个。

④准备好垫料及保温通风设备　进鸭苗前 2d，地面育雏舍铺好木屑、谷壳或稻草（切成 3～5cm 小段）等垫料，网上育雏无须垫料；准备好保温灯、保温伞（架）等设备，并检查舍内有无贼风进入，在墙壁上安装抽风机以便换气。

⑤调节温度　在雏鸭进舍前 12h，开启保温设备进行预热，使保温伞（架）内温度达到 30～32℃，并保持恒温。

⑥调节湿度　1～3 日龄的湿度应控制在 55%～65%，随日龄增加，要注意保持鸭舍干燥，避免漏水，防止粪便、垫料潮湿。

⑦备好饲料及药品　备足营养全面，适口性好、易消化的饲料及常用消毒、防疫和疾病治疗药品。

（2）育雏鸭的饲养管理

①接雏和分群　雏鸭从出雏机中捡出，在孵化室内绒毛干燥后转入育雏室，此过程称为接雏。接雏可分批进行，尽量缩短在孵化室逗留时间，切忌等到全部雏鸭出齐后再接雏，以免早出雏鸭不能及时饮水和开食，导致体质变弱，影响生长发育，降低成活率。雏鸭转入育雏室后，应根据其出壳时间早晚、体质强弱和体重大小分开饲养，体质弱小的弱雏，应靠近热源在室温较高的区域饲养，以促使“大肚脐”雏鸭完全吸收腹内卵黄，提高成活率。体质较强雏鸭也应分群饲养，大小以 200 只左右为宜。

第一次分群后，在后期管理中应进行动态分群，防止因生长快慢不同引起体质差异而出现踩踏等现象。通常在 8 日龄和 15 日龄时，结合密度调整，进行第二次、第三次分群。

②饮水和开食　雏鸭育雏要掌握“早饮水早开食，先饮水后开食”的原

则，先饮水后开食有利于雏鸭的胃肠消毒，减少肠道疾病。雏鸭分群后应自由饮用含有电解多维的凉开水，开食可在饮水2～3h后。开食可使用肉用仔鸭的颗粒饲料，持续使用3d左右。

（二）育成鸭的饲养管理

肉鸭4～7周龄称为中雏，也称育成鸭阶段。在育雏期饲养管理的基础上，需要强化育成期的饲养管理。育成鸭可采用地面平养、离地网面平养、圈养或舍内与运动场结合的饲养方式。中雏期是鸭生长发育最迅速的时期，一般不再需要保温，且食欲旺盛，采食量大，对饲料营养要求高。中雏期的生理特点是对外界环境的适应性较强。

1. 饲料 在从雏鸭舍转入中雏舍的前3～5d，雏鸭料应逐渐更换成中雏料，使鸭逐渐适应新的饲料。过渡期一般至少3d，具体方法是第1天雏鸭料占2/3；第2天雏鸭料占1/2；第3天雏鸭料占1/3；第4天完全用中雏料。

2. 温度 在冬季和早春气温低时，采用升温育雏饲养，其余时期均采用自然温度饲养方法。当自然温度与育雏末期的室温相差太大（一般不超过3～5℃）时，应在开始几天适当增温。

3. 湿度 中雏期容易管理，对圈舍条件要求简单。但圈舍一定要保持清洁干燥。夏天运动场要搭凉棚遮阳，冬天要做好保温工作。

4. 密度 中雏的饲养密度具体视鸭群个体大小及季节而定。冬季密度可适当增加，夏季可适当减少。不断调整密度，以满足其不断生长需要。

5. 光照 适当的光照有益于中雏的生长发育，中雏期间应坚持23h的光照制度。

6. 沙砾 为满足雏鸭生理机能的需要，应在精料中加入一定比例沙砾或在运动场上放若干沙砾小盘，这样不仅能提高饲料转化率，而且能增强其消化机能，有助于提高鸭的体质和抗逆能力。

7. 饲养面积 饲养面积应逐步扩大。若采用网上育雏，当雏鸭刚下地时，控制饲养面积不宜过大，待雏鸭经过2～3d的训练，腿部肌肉逐步增强后，再逐渐增大活动面积。

8. 分群 将雏鸭根据强弱大小分为几个小群，尤其对体重较小生长缓慢的弱中雏应集中喂养，加强管理，使其生长发育能迅速赶上同龄强鸭，不至于延长饲养日龄。

9. 科学饲喂 在饲喂过程中，应做到科学合理。一般每天饲喂3次，晚上再加1次。饲料原料必须安全有营养，且无毒无害无污染。育成鸭阶段一般采取自由采食（或一昼夜饲喂四次）和自由饮水制。育成鸭采食和饮水时，应有适当的间隔距离，以防抢食和生长不均匀。建议标准：采食间隔距离每只不少于10cm，饮水间隔距离每只不少于1.5cm。饲料桶和饮水器应均匀分布。

10. 日常管理 在日常管理中要做到"六观察一隔离"，即观察肉鸭行为姿态、羽毛蓬松情况和光泽度、呼吸状况、粪便颜色和状态、饲料用量和饮水、生长发育情况。日常观察中发现弱、残、病鸭，要及时进行隔离或淘汰，采用药物治疗或进行无害化处理。同时还要注意鸭舍的光线强度，白天采取自然光照，夜间补光。

（三）育肥阶段的饲养管理

商品鸭在7周龄至上市为育肥阶段，饲养管理原则为采取有效措施，加快生长速度，提高商品合格率。此期间肉鸭的机体各部分充分发育，各种机能不断加强，除饲养密度、饲料营养水平有所调整外，其他饲养管理方法跟育成鸭基本相同。

1. 合理分群 育肥鸭生长速度明显加快，饲养管理人员应随时根据强弱、大小、公母进行分群。分群最好在夜间或早晨进行，并在饮水中加入多种维生素以防产生应激。

2. 饲料更换 育肥阶段肉鸭体温调节机能已趋于完善，肌肉、骨骼的生长和发育处于旺盛期，绝对增重处于最高峰阶段，采食量迅速增加，消化机能已经健全，体重增加加快。育肥期肉鸭生长旺盛，可以根据饲料能量水平调整采食量。因此，相对降低日粮中的能量水平可促使肉鸭提高采食量，有利于肉鸭快速生长，而且饲料中能量水平的降低，也相应降低了饲料成本。育肥期的颗粒料直径可改为3～4mm或6～8mm。为减小由于饲料更换带来的应激，必须注意饲料的过渡。过渡期一般至少3d，具体方法是：第1天日粮由2/3过渡前料和1/3过渡后料组成，第2天由1/2过渡前料和1/2过渡后料组成，第3天由1/3过渡前料和2/3过渡后料组成，第4天完全改为过渡后料。

3. 强制育肥 中雏期鸭生长发育迅速，对营养物质要求高，要求饲料营养成分全面且配比合理。科学实验证明，该期使用全价配合饲料可减少饲料浪费，降低饲养成本，提高经济效益。

二、蛋鸭的饲养管理

（一）雏鸭的饲养管理

蛋鸭1～4周龄称为育雏期。

1. 初生雏鸭的选择 应选择同一时间出壳、大小均匀，脐带收缩好，眼大有神，比较活跃，绒毛有光泽的雏鸭。凡是腹大突脐、行动迟钝、瞎眼、跛脚、畸形、体重过轻的雏鸭，一般成活率较低。如选作种鸭用，还须符合品种的特征。

2. 初生雏鸭的运输 接运初生雏鸭最好不超过36h。接运时，将雏鸭装在铺有稻草的竹篓内，篓的直径80cm，高25cm，每篓内装50只。要避免日晒雨淋和冷风吹袭，天凉盖上薄布，较冷季节盖上棉被。接运途中，要经常察看雏鸭情况，发现重叠埋堆应及时拨开。

3. 雏鸭的饲养要点　初生雏鸭全身绒毛干后，即可喂食、饮水。喂食前先进行潮水，也称“点水”，就是先将幼雏放在竹篮内。然后轻轻地将竹篮放入浅水中，以浸水至脚背为准，任其自由饮水。时间一般 5～6min，不宜过长。“潮水”过后，一种方法是把幼雏放在柔软的干草上，让其自动理毛，等到毛干马上开始第一次喂食；另一种方法是在幼雏的身上喷洒些水，促使互相啄食身上的水珠。不论哪种方法，都应在温暖的环境下进行。早饮水有利于体内废物的排除和残余蛋黄的吸收。

第一次喂食又称“开食”，开食应在幼雏出壳后 24h 内进行，过晚“开食”就要“老口”（即下食不快），影响幼雏的生长发育。开食料可用碎玉米或碎大米等，原则是以营养丰富、容易消化、适口性好又便于吸收。一般喂前多经过煮熟浸泡，有条件的可用 30 羽幼雏喂熟蛋黄一个。喂食的方法：将其撒在草席或塑料布上，让鸭啄食，做到随吃随撒。个别不会吃食的幼雏，可将蛋黄撒在其他幼雏身上，以引其啄食。前 3d 不可饲喂过饱，以免引起消化不良。因此，要掌握勤添少喂的原则，每天喂 6～8 次，每次喂八成饱。开食以后，逐步过渡到使用配合全价的“花料”，日喂次数仍然要保持 5～6 次。

（二）青年鸭的饲养管理

蛋鸭 5～16 周龄称为育成期，通常称为青年鸭阶段，约需 3 个月。

1. 青年鸭的特点

（1）生长发育快　进入育成期的鸭生长仍然很快，此阶段主要是骨骼、羽毛和内部器官生长较快。从外表看，羽毛是衡量蛋鸭正常生长的主要特征。

（2）活动能力强　青年鸭活动能力强，放牧时，如果放牧地天然饲料丰富，活动场地宽敞，常会整天奔波，不肯休息。根据这个特点，对青年鸭应加以控制，保证其适当休息，否则会因能量消耗过大而影响生长发育。

（3）食量大，食性广　根据这个特点，应对青年鸭进行调教，培养良好的生活习惯。利用其食量大、活动能力强的特点，把食性广的特性培养起来，使青年鸭在任何环境下，都能适应各种不同的饲料。放牧饲养时，可以充分利用各种天然的动植物饲料，提高生活力。

2. 青年鸭的饲养管理

（1）合理分群　分群能使鸭群生长发育一致，便于管理。鸭群不宜太大，以 500 只左右为宜，分群时要淘汰病、弱、残鸭，尽可能做到日龄、大小、品种、性别相同。适宜的密度是保证青年鸭健康生长、准时产蛋的重要条件，因此分群的同时应注意饲养密度。密度过大易引起鸭群践踏，影响生长发育。饲养密度根据鸭龄、季节和气温的变化而调整。

（2）限制饲养　圈养条件下，鸭活动少，易造成青年鸭体重过大过肥或性成熟过早，影响以后的产蛋量，为使鸭群生长发育一致，适时开产，要对青年鸭进行限制饲养，同时可以节省饲料。限制饲养一般从8周龄开始，16周龄结束。控制其日粮营养水平，增加青粗饲料比例，降低日粮中粗蛋白和能量含量，同时，要满足钙、磷等微量元素和维生素的需要，以促进骨骼和肌肉的生长发育。

（3）合理光照　光照时间和光照强度影响着性成熟。青年鸭饲养时不用强光照明，光照强度为5lx；光照时间宜短不宜长，要求每天光照时间为8～10h。遇到停电时，应立即点上带有玻璃罩的煤油灯。若为秋鸭，自然光照即可。

（4）适当加强运动　运动可以促进青年鸭骨骼和肌肉的发育，增强体质。每天要定时赶鸭在舍内做转圈运动。鸭舍附近若有放牧的场地，可以定时进行短距离的放牧活动。每天分早、中、晚3次，定期赶鸭子下水运动1次，每次10～20min。

（5）预防疾病　对鸭的疾病预防要从多方面去做，如配备营养完善的日粮，满足其营养需要；制定科学的免疫程序，定期对鸭群进行鸭瘟、禽霍乱等主要传染病的免疫注射；定期对鸭舍进行喷洒消毒。

（三）成年鸭的饲养管理

母鸭从开产到淘汰为止为产蛋期，一般指17～72周龄。

1. 饲喂　有青绿饲料供应的地区，青绿饲料可占混合料的30%～50%，无青绿饲料供给地区，可按要求添加复合维生素。提高动物性饲料所占的比例，同时适当增加饲喂次数，由每天3次增至4次，白天喂3次，晚上9：00—10：00喂1次。每天每只鸭喂配合料150g左右。有条件的外加50～100g青绿饲料（或添加复合维生素）。

当产蛋率达90%以上时，饲喂含20%粗蛋白的配合饲料，并适当增加青绿饲料和颗粒型钙质饲料。颗粒型钙质饲料可单独放在盆内，放置在鸭舍内任其自由采食。整个产蛋期要注意补充沙砾，放在沙砾槽内，让其自由采食。

2. 饮水　注意水的供应。圈养鸭大部分时间关在舍内饲养，冬天鸭群在水中活动时间大大减少，如果供水不合理，势必严重影响经济效益。在供水上要抓住以下关键点：

①水要足　圈养鸭不仅白天要供足水，晚上也不可缺水。

②水要净　每天至少洗刷2次水槽，然后充足供应新鲜清洁的饮水。

③水要深　圈养鸭的水槽（水盆）装置要深，能经常保持盛装10～12cm深的水。

供水系统应尽量靠近鸭舍的某一侧，且该侧位置应略低于舍内其他各处。

料槽不应与水槽相距过远，一般应在1～1.5m。

3. 光照　从19周龄起每周增加光照时间20min，增加到每天16h或17h即可，保持这样的时间不变。每天必须按时开灯和关灯。光照强度5～8lx。

4. 垫料　保持垫料的干燥。鸭舍内的垫料易潮湿，需要定期清理，更换清洁、干燥的垫料。防止鸭带水入舍，当鸭群在水中洗浴后应让其在运动场上梳理羽毛和休息，待羽毛干燥后再让其回到舍内。

5. 控制体重　根据蛋鸭生长规律控制体重是一项重要的技术措施。开产以后的饲料供给要根据产蛋率、蛋重增减情况做相应调整，每月抽样称测蛋鸭体重1次，使之进入产蛋盛期的蛋鸭体重恒定在1 450g左右，以后稍有增加，至淘汰结束时不超过1 500g。在此期间体重突然增加或减少，则表明饲养管理出现问题，须及时查明纠正。

6. 鸭蛋收集　春、夏季5：30开灯，将鸭群放到运动场，让鸭在运动场采食少量青绿饲料并活动。进舍收蛋。7：00清洗水盆（水槽）、料盆（料槽），加水、加料。赶鸭进舍采食饮水。8：30将鸭群赶出鸭舍，让它们到池塘洗浴。秋、冬季6：00开灯，收蛋。7：00在舍内驱赶鸭群进行“噪鸭”。7：30清理水盆（水槽）、料盆（料槽），加水、加料。9：00将鸭群放到运动场活动（气温过低时不放鸭出舍），并喂饲少量的青绿饲料。

三、种用鸭的饲养管理

种鸭与产蛋鸭的饲养管理基本相同，不同的是养种鸭不仅要获得较高的产蛋量，而且还要保证蛋的质量。

（一）种母鸭的饲养管理

母鸭群的饲养管理直接关系到养鸭生产的经济效益，因此要做好产蛋初期、产蛋高峰期及休产期三个阶段的饲养管理工作，使种鸭养成良好的生活习惯，为提高繁殖性能打下良好的生产基础。

1. 初产期　母鸭一般在100～120日龄即可达到5%的产蛋率，到120～150日龄时，产蛋率可达到50%。产蛋初期内产蛋规律不强，各种畸形蛋比例较大，蛋体较小，受精率和孵化率均偏低，一般不适合进行孵化。这一阶段要随时注意关注产蛋率的变化，加强饲养管理及日常工作。

（1）加强护理　给蛋鸭供给营养丰富、充足的饲料，保证充足、洁净的饮水，保持鸭舍、鸭体清洁卫生，避免惊扰，保持鸭群安静。

（2）发现问题及时解决

①看蛋形　蛋体不规则或蛋壳粗糙、沙眼、软壳，说明饲料质量不好，特别需补充钙质或维生素D。

②看产蛋时间　产蛋时间应为2：00—8：00。如产蛋时间推迟或不规律，

应及时补喂精料。

③看体重　开产后，体重较大幅度增加或下降，表明饲养管理有问题，应加强管理，调整营养供给。

④看蛋重　蛋重应不断增加，250 日龄达标准蛋重。若增重势头过快，表明管理不当，应及时查找原因，加以改进。

⑤看产蛋率　产蛋率应不断上升，200 日龄达 90%左右。若出现高低波动，应及时分析原因，加以改进。

⑥看羽毛　如果羽毛松乱，应提高饲料质量。

⑦看食欲　蛋鸭食欲不振，应细心照料，采取措施，使其恢复正常。

⑧看精神　鸭精神不振，反应迟钝，表明体弱有病，应及时治疗，使其恢复健康。

⑨看嬉水　鸭怕下水，下水后羽毛沾湿，上岸后双翅下垂，行动无力，是产蛋下降的预兆。应立即采取措施，增加营养，加喂动物性饲料，并补充鱼肝油。

（3）保证光照　改自然光照为人工补充光照，从产蛋开始，每日增加光照 20min，总光照时间不低于 14h，直至 17h。

（4）减少应激　惊吓、噪声、饲喂方法突变、捕捉等均可对鸭体造成影响。

①饲料品种不频繁变动，不喂霉变、劣质饲料。

②饲养环境、操作规程尽量保持稳定，饲养人员相对固定。

③舍内保持安静，不许外人随意出入。

④饲喂次数和饲喂时间相对不变。

⑤尽力避免气温突变对产蛋造成影响。

⑥在产蛋期不随便使用对产蛋率有影响的药物，也不注射疫苗，不驱虫等。

⑦适量补充维生素、中草药等。

（5）补饲　一只新母鸭在第一个产蛋年中所产蛋的总重量为其自身重的 8～10 倍，而其自身体重还要增长 25%。为此，它必须采食约为其体重 20 倍的饲料。从鸭群自开始产蛋起，白天让鸭在散养区内自由采食，中午和傍晚各补饲 1 次，每次补料量按笼养鸭采食量的 70%～80%补给。剩余的 10%～20%让鸭在环境中采食虫草弥补，并一直实行到产蛋高峰及高峰后 2 周。

散养蛋鸭吃料时容易拥挤，可能把料槽或料桶打翻，造成饲料浪费。因此，在饲喂过程中应把料槽或料桶固定好，高度和鸭背高度一致为宜，并且要多放几个料槽或料桶。每次加料量不宜过多，加到料槽或料桶容量的 1/3 即可，以鸭 40min 吃完为宜。每日分 4 次加料，冬季应在晚上添加 1 次。

（6）供给充足的饮水 由于野外自然水源很少，必须在鸭活动的范围内放置一些饮水器具，如每 10 只放一个瓷盆。瓷盆不宜过大或过深，尤其是夏季更应如此。

（7）淘汰公鸭 种鸭到 20 周龄开始，进行最后一次清点种鸭数，并按规定的公母鸭比例精选出留种公鸭，多余的公鸭转入商品鸭舍。

（8）补钙 大部分散养蛋鸭在 100 日龄左右开始产蛋，因此，应从这一时期开始给蛋鸭大量补钙。鸭对钙的利用率约为 55%，产一枚蛋需要 2～2.3g 的钙，因此鸭每产一枚蛋，需要食入 4g 左右的钙。根据这一需要量，从开产至 5%产蛋率阶段，可将日粮中的钙提高至 2%，然后再逐渐提高到 3.2%～3.5%的最佳水平。如果环境温度高，鸭的采食量减少，补钙量可适当提高。补钙时可将石粉、贝壳粉及骨粉作为钙的主要来源。选购这些原料时，应选颗粒较大的，粉状物较少的。另外，颗粒状钙在胃中可起到研磨作用，提高饲料消化率。

2. 产蛋高峰期 从 151 日龄开始，产蛋率稳步上升，300 日龄时，产蛋率可达到 85%左右，维持 80%以上产蛋率 2～3 个月后，产蛋率缓慢下降。151～300 日龄这一阶段称为蛋鸭主产期。

（1）根据体重和产蛋率确定饲料的质量和喂料量 在产蛋率为 80%时，若鸭体重减轻，应增加动物性饲料；若体重增加，应增喂粗饲料或青饲料，或控制采食量；如产蛋率降至 60%左右无需加料。

（2）光照 每天保持光照 16h，不能减少，如产蛋率降至 60%时，应增加光照时间至淘汰为止。

（3）增加运动量 多放少关，促进运动，每天运动 2～3 次。操作规程保持稳定，避免一切应激刺激。

（4）鸭群的日常观察 观察鸭群有助于及时掌握鸭群的健康及产蛋情况，以便及时准确地发现问题，并采取改进措施，保证鸭群健康和高产。

（5）适当淘汰低产鸭 在养殖蛋鸭的过程中，及时识别高产鸭和低产鸭，以便对低产鸭进行及时淘汰，这是提高养鸭经济效益的一项重要措施。一般可采用“五看”“四摸”的方法识别高、低产鸭。

五看：一看头。鸭头稍小，似水蛇头，嘴长，颈细，眼大凸出且有神，显得光亮机灵的为高产鸭；鸭头偏大，眼小无神，颈项粗短的为低产鸭。二看背。鸭背较宽，胸部阔深的为高产鸭；鸭背较窄的为低产鸭。三看躯。体躯深、长、宽的为高产鸭；体躯短、窄的为低产鸭。四看羽。鸭羽紧密、细腻，富有弹性，麻鸭花纹细的为高产鸭；羽毛松软、无光泽，麻鸭花纹粗的为低产鸭。五看脚。用手提鸭颈，若两脚向下伸，且不动弹，各趾展开的为高产鸭；

若双脚屈起或不停动弹，各趾靠拢的为低产鸭。

四摸：一摸耻骨。产蛋期的高产鸭，耻骨间距宽，可容得下3～4指；而低产鸭，耻骨间距窄，只能容得下1～2指。二摸腹部。高产鸭腹部大且柔软，臀部丰满下垂，体形结构匀称；低产鸭腹小且硬，臀部不丰满。三摸皮肤。高产鸭皮肤柔软，富有弹性，皮下脂肪少：而低产鸭皮肤粗糙，无弹性，皮下脂肪多。四摸肛门。产蛋期的高产鸭，泄殖腔大，呈半开状态：而低产鸭泄殖腔紧小，呈收缩状，有皱纹，比较干燥。

3. 产蛋后期及休产期 鸭经过8个多月的连续产蛋，到了产蛋后期，此期产蛋率下降，饲料的能量和蛋白水平要根据蛋重、产蛋率、体质量适当调整，产蛋后期蛋壳质量下降。若发现蛋形变长、蛋壳变薄、蛋白变稀或有沙点，要及时查明原因，调整钙磷比例。可补喂优质鱼肝油，增加优质贝壳的用量，保证产蛋后期蛋壳质量。如果管理得当，仍可维持80%的产蛋率。

（1）根据体重和产蛋率确定饲料的质量和喂料量 如鸭群的产蛋率仍在80%以上，而鸭体重却略有减轻的趋势时，可在饲料中适当增喂动物性饲料（如黄粉虫、蚯蚓、螺蛳等）；如鸭子体重增加，身体有发胖的趋势时，但产蛋率还在80%左右，这时可适当增喂粗饲料和青饲料，或者控制采食量。但动物性蛋白质饲料还应保持原量或略增加；如体重正常，产蛋率也较高，饲料中的蛋白质水平应比上阶段略有增加；如产蛋率已降到60%左右，无需加料，准备淘汰或强制换羽。

（2）增加运动量 每天鸭运动2～3次。操作规程保持稳定，避免应激刺激。

（3）加强消毒 到了产蛋后期，鸭舍的有害微生物数量大大增加，因此，更要做好粪便清理和日常消毒工作。

（4）强制换羽 强制换羽是采取人工方法使鸭群迅速大量脱换羽毛的过程。当鸭群产蛋率下降至30%以下、蛋形变小甚至有畸形蛋、受精率降低时，进入休产期，即可进行人工强制换羽。与自然换羽相比，强制换羽能够缩短休产期，促使鸭群提前开产，集中产蛋。此外，强制换羽可以延长母鸭的利用期，有利于根据市场需求变化调节商品蛋的供应。

（二）种公鸭的饲养管理

1. 育雏阶段

（1）实施公母分饲 这样不仅在育雏期能对种公雏进行细致的管理，而且有利于育成期的体重控制，公母分饲时，公鸭栏中应混有少量母鸭，目的是使公鸭在生长过程中有“性的记忆”，如果在没有母鸭的伴随下单独饲养公鸭，会导致受精率降低。

（2）良好的饲养环境 培育优质的种公雏，必须提供良好的饲养环境，包括鸭舍内的温度、湿度、空气、饲养密度及通风等。

（3）饲喂方式　育雏期应采自由采食，使公鸭生长潜力得到充分发挥，不可限制其早期生长，因为 4 周龄后公鸭的腿胫生长变慢，而腿胫长短直接影响到公鸭交配时的爬跨，腿脚粗短的公鸭在交配时不易平稳地抓牢母鸭的肩背，往往容易滑落和抓伤母鸭。

（4）严把第一次选择关　在育雏期末对种公雏进行第一次选择，选择健康无病、活力充沛、腿脚趾挺直、腿胫较长且体重、体形较好的公雏留作种用。

2. 育成期阶段

（1）严格限饲　为了使种公鸭在适当周龄达到体成熟，必须严格限饲，使体成熟和性成熟达到一致，在育成期更应灵活运用限饲技术，如 4～16 周龄时要严格控制体重，一般执行饲养标准体重的下限，17 周龄以后可适当放松限饲程序，一般执行饲养标准体重的上限，以防限饲过严而影响其性成熟。

（2）增强光照　17 周龄开始逐渐增加光照时间，至每日光照 17h，因为性成熟主要取决于光照，适时给予强光刺激是保证性成熟的基础。性成熟发育较快，性成熟后又促使体成熟发育更趋完善和充分，有利于提高公鸭的性欲和交配能力，提高种蛋的受精率。

（3）日粮　18 周龄后应在种公鸭的日粮中适当提高蛋白质含量，补充维生素 E 及 B 族维生素，增加氯化胆碱的使用量等。有利于提高种鸭开产初期的受精率。

（4）适时混群　一般种公鸭在 20 周龄时可以混群，混群时一定要注意：①选留的标准基本上与第一次选择相同，但一定要严格种公鸭腿足趾的选择。②混群要充分，种公鸭与母鸭是分开饲养，公鸭习惯于原先的饲养环境，混群后往往会造成混群不均匀，尤其是大群饲养、没有进行小群分栏饲养的种群，种公鸭过多地集中在原来的运动场上，这时应停止在原来公鸭场地饲养，将公鸭全部投放在母鸭栏中，两周后再放开，这样就能确保混群均匀。③饲养后备公鸭，在 20 周龄混群后，有些公鸭在交配过程中容易受到伤害，造成阴茎损伤，尤其是体重过大或过小的公鸭和在陆地上交配的公鸭，樱桃谷肉用种鸭到 26 周龄才能稳定，因此在 26 周龄前应饲养一定数量的后备种公鸭，其数量一般为定群公鸭数的 5%。

3. 产蛋期公鸭质量的注意事项

（1）合适的公母比例　为了获得较好的种蛋品质、种蛋受精率和高孵化率，就必须考虑合理的公母比例，公鸭太少，种蛋受精率低；公鸭太多，会出现打架现象，使母鸭不得安宁，影响产蛋率和种蛋质量，而且还浪费饲料。一般适宜的公、母搭配比例是：肉用型鸭为 1∶（5～8），蛋用型鸭 1∶（15～20），兼用型鸭 1∶（10～15）。

（2）防止公鸭过肥　在生产实践中，一些养殖场为片面追求产蛋初期的产蛋率，盲目提高育成后期日粮的蛋白质水平，产蛋期光照时间过长或增加光照时间过快，造成母鸭提前开产，公鸭也因一段时间的饲养造成过肥，导致爬跨困难，使母鸭的受精率降低。

（3）预防种公鸭的腿脚病　正常的脚趾对公鸭交配极其重要（尤其是中趾），如果因发炎肿痛或变形则会使种公鸭不能爬跨在母鸭背上而影响公鸭的交配动作，因此在日常管理中应减少各种应激，管理好垫料和运动场等，防止公鸭因外伤和葡萄球菌等感染而引起跛行或脚趾弯曲变形等。

（4）及时淘汰、替换公鸭　及时淘汰跛足、有生理缺陷的、患病的公鸭，因为这些公鸭存在时，其配偶不轻易与其他公鸭交配，造成受精率降低。另外，到产蛋后期，随着种公鸭的性欲降低，应及时采取替换部分公鸭方案，确保种蛋的受精率。

4. 公鸭的采精训练　人工授精的公母鸭在产蛋前应分开饲养，如已经产蛋的鸭群应在试验前15～20d将公母鸭分开，公鸭选用个体粗壮、性欲强的进行单笼饲养，隔离1周即开始采精训练，每周2～3次。采精前将公鸭泄殖腔周围的羽毛剪干净，采精时找一只试情母鸭，用手按其头背部，母鸭会自动蹲伏者即可，将公鸭和母鸭放在采精台上，当公鸭用嘴咬住母鸭头颈部，频频摇摆尾羽，同时阴茎基部的大小淋巴体开始外露于肛门外时，采精者将集精杯靠近公鸭的泄殖腔，阴茎翻出，精液射到集精杯内。性成熟时公鸭经训练能建立性条件反射，因此在性成熟时要及时对公鸭训练采精，同时按公母比例留足配种公鸭数。公鸭一般一个星期采精5d。

公鸭采精通常需要经过一段时间的训练，有经验的采精员训练2～3次就可采出优质的精液，有时可能要经过十几次的训练。

种公鸭的利用年限：蛋用种公鸭的配种年限一般为2～3年，肉用种公鸭一般为1～2年，但每年要有计划地更换新种鸭50%左右，淘汰的种鸭可作商品鸭处理。

四、鸭生态健康养殖模式

（一）全室内网上养殖技术

全室内网上养殖技术采用栏舍全程无水网床圈养，彻底改变了蛋鸭依赖水域放养的传统模式，鸭完全脱离游泳水体，在网床上活动、饮水、采食、产蛋。一个养殖周期结束后，养殖户可以将网床下的鸭粪便收集起来作为有机肥，增加额外收入。

1. 全室内网上养殖的优势　室内网上平养技术，不受季节、气候、生态环境的影响，一年四季均可饲养，网上平养使鸭群与粪污隔离，减少鸭群感染病菌的机会，有利于增强鸭群体质，提高产蛋率和蛋的品质，实现离岸养殖，避免了对水环境的污染，最终达到既环保又增效的目的。同时鸭舍内通风、卫生等条件改善，有利于鸭体强健，提高产蛋率。

2. 全室内网上养殖模式饲养管理技术

（1）技术要点

①鸭舍为全封闭式，屋顶墙壁采用特殊材料处理，具有良好的保温隔热性能，鸭舍两边墙体安装足够数量的大面积铝合金或者塑料窗户，保证鸭舍有良好的采光和通风。宜采用自动喂料系统、刮粪和饮水系统及通风降温系统等。

②舍内纵向分隔为活动区和产蛋区，两个区之间设有开闭通道；横向每隔10～20m设立隔断，每个养殖区100～150m^2。活动区架设养殖网床，塑料漏粪地板、塑料网或者金属网均可，高度为60～80cm；其中，硬质塑料漏粪地板的强度高，耐用，拆卸方便。产蛋区高度比活动区低15～20cm，宽度为50～80cm，铺垫10～15cm厚稻草或者稻壳，方便蛋鸭做窝。

③粪便收集和处理。安装自动刮粪设备，每天刮粪一次，并清理到粪便处理区进行堆肥或制成有机肥。

④饲喂和温度控制。安装自动喂料系统和喷雾消毒系统，配备自动控制水位水槽。在鸭舍两端山墙安装足够数量的风机和湿帘，以满足高温季节降温通风的需要。

⑤后备蛋鸭饲养至70～90d，即可入舍饲养，密度为4～5只/m^2。每天21：00—22：00打开进入产蛋区通道，5：00—6：00关闭，目的是限制蛋鸭在产蛋区的停留时间，保证产蛋区的干燥和清洁卫生。饲养过程中，要注意减少应激。

（2）全室内网上养殖的饲养管理

①产蛋期间管理。从产蛋初期开始，随日龄变化增加饲料营养，提高粗蛋白水平，并适当增加饲喂次数。从产蛋率达到50%起应供给蛋鸭高峰期配合饲料。应掌握饲料过渡时间，一般以5d为宜。换料的同时人工补光。每只鸭日采食量控制在150g以下。自由饮水，保证清洁卫生。

②做好夏季防暑降温，冬季防寒保暖。室内相对湿度为60%～65%。根据蛋鸭品种确定饲养密度，一般情况下7～8只/m^2，夏季可适当降低饲养密度；喂食、捡蛋等日常管理保持稳定。高温季节打开风机水帘通风换气、降温除湿。室温超过30℃时可打开风机、水帘降温通风。

③光照为自然光照＋人工补充光照。光照时间逐渐增加，不少于14h，人工光照每次增加1h，每7d增加1次，直到每天光照达到16h，稳定光照时间。通宵弱光照明，弱光强度为3～5lx。弱光灯挂在饮水线附近，便于饮水及鸭群休息，防止鸭惊群。

④产蛋期做好消毒防疫和离流感免疫抗体监测，及时淘汰停产鸭、低产鸭和残次鸭。

⑤每个季节各驱虫 1 次，使用阿维菌素或者伊维菌素一次性投服。

⑥产蛋前期注意观察产蛋率、蛋重和体重变化情况，及时调整饲料营养水平，体重保持不变或稍有增加，促进产蛋率快速升到高峰，蛋重达到标准。产蛋中期保证营养充足全面供应，体重要保持不变。

3. 全室内网上养殖过程中的注意事项

(1) 选择适宜网上养殖的优质鸭品种　网上养殖要选好鸭苗，尽量不养残弱的国绍 1 号鸭苗，一旦发现必须隔离饲养，防止弱苗踩死现象发生。

(2) 饲喂优质全价饲料　饲料是养鸭的物质基础，投喂优质的饲料是保证鸭体重达标的前提。饲料品质主要取决于饲料配方的科学性和营养水平、饲料原料的品质、饲料工业生产工艺。饲喂方式采取自由采食。

(3) 加强鸭群管理　要减少应激，尽量避免鸭发病。饲养过程尽量减少人员出入，非饲养人员不能进入鸭舍。选择塑网时一定要选择网孔较小而且表面光滑的网，以免鸭腿被卡在网孔内受伤。管理上要实行定人、定时、定饲料，平时做好常规的卫生防疫工作。

(4) 饲养密度　选择适宜的蛋鸭网上饲养密度。

(二) 生物床养鸭技术

如今低碳养殖越来越受到人们的认可与欢迎，以低排放为特点的生物床养殖技术也受到人们极大关注。生物床养鸭（图 7-1）技术因为成本低、技术成熟、操作简单和使用效果好等优点被广大的养殖户接受。

图 7-1　生物床养蛋鸭

1. 蛋鸭生物床养殖的优势　该技术根据微生态学原理，采用益生菌拌料饲喂及生物发酵床垫料的新型饲养方式，构建鸭消化道及生长环境的良性微生态平衡，以发酵床为载体，快速消化分解粪尿等养殖排泄物，在促进鸭生长、提高鸭体免疫力、大幅度减少鸭疾病的同时，实现鸭舍（栏、圈）免冲洗、无异味，达到健康养殖与粪尿零排放的和谐统一。

2. 蛋鸭生物床养殖模式饲养管理技术

（1）生物床的制作

①生物床垫料的准备　生物床垫料成分一般比例为：稻壳（或干燥的玉米秸秆、花生壳及树叶）60%～70%，锯末 30%～40%，米糠 1%。

②生物床的制备　每立方米垫料添加 0.1～0.2kg 生物发酵菌剂。菌剂先用 5kg 水（最好是红糖水）稀释搅匀，再与米糠混匀，调节物料水分为 35%～40%（以用手握物料成团不滴水，松手能散开为宜）；再将物料堆积，用彩条布或麻布袋盖严；2～3d 后，在物料快速升温到 60～70℃时翻堆，以使物料发酵完全；4～5d 后，即可将物料铺开温度达 50℃时使用。制作时，应有专门的技术人员指导操作。

③生物床的厚度　蛋鸭生物床的垫料适宜厚度在 30～40cm，过低不利于发酵，过高造成垫料浪费。

（2）蛋鸭的饲养管理

①0～7 日龄的雏鸭饲养方法同常规养鸭，只需在专门的育雏室育雏，注射鸭肝炎疫苗，用抗生素消炎，清肠。

②8～42 日龄的蛋鸭在生物床上饲养，饲喂同其他模式。

③防止热应激的发生。武汉地区蛋鸭的饲养密度：夏、秋季节应以 4 只/m^2为宜，春、冬季节以 6～7 只/m^2 为宜。武汉夏季高温、高湿，饲养密度应适当降低，同时应封闭鸭舍，人工制造鸭适宜的小环境气候，即把垫料的厚度降到 30cm 左右，采用通风与水帘或冷风机等降温。因为在炎热的夏季，鸭舍内、外温度都会高达 35℃以上，单纯的通风，降温作用不明显。

（3）疫病防控

①发现有病、弱鸭，应及时隔离，防止病源扩散。

②按正规程序进行疫苗的免疫注射。

③生物床垫料不能消毒，但生物发酵床以外、鸭舍四周及道路等需按程序消毒。

④坚持洗澡、更衣、消毒等预防程序。

（4）生物床的维护

①8～15 日龄每隔 3～4d 翻动生物床垫料 1 次。

②16～42 日龄每隔 2～3d 翻动生物床垫料 2 次。

③生物床应保持适宜的湿度，保持物料水分 35%～40%（以用手握物料

成团不滴水，置之地面能散开为宜）。

④生物床菌种和垫料要及时补充。生物床一般可使用2年以上，但使用一段时间后，垫料被生物菌消耗，导致生物床床面降低，此时需补充垫料和菌种；通常30d左右补充一些菌种。

⑤蛋鸭进入生物床养殖后，严禁使用抗生素和磺胺类药物。如果使用了上述药物，必须在停药期后补充液体生物发酵菌剂（在专业人员指导下进行），以保证生物床的效果。

⑥饲养过程中，为促进鸭的生长及防止疾病发生，由专业技术人员指导在饲料中加入适量益生菌，严禁用生物床垫料或用发酵菌直接饲喂鸭，必须用专门的饲用生物菌剂按说明书要求添加到饲料或饮水中。

⑦两批鸭之间生物床要重新发酵。每批蛋鸭出栏后，将垫料中掺入适量的锯末、米糠（或玉米粉）和生物床专用菌种重新堆积发酵后，再进行下一批蛋鸭的饲养。

⑧生物床活性的鉴别。生物床发霉变黑，或者被水长时间浸泡，该生物床菌种活性降低甚至消失不能发挥降解、转化鸭粪便的功能，必须彻底清除干净堆积发酵用于制肥，再重新按上述方法制作生物床垫料。

3. 蛋鸭生物床制作过程中的注意事项

（1）鸭粪不能发酵垫料　有的公司在制作生物垫料时要求用鸭粪发酵锯末、稻壳等垫料，实际上这是相当不安全的。因为垫料发酵的时间短，温度低，不足以杀死有害菌。如果用的是病鸭的鸭粪，会传染给生物床上的健康鸭。

（2）蛋鸭生物床垫料制作时不掺土，效果更好　由于鸭有戏水的本性，导致饮水点附近湿度很大，垫料中掺土，鸭身上会裹满泥巴，这是管理和技术不当导致的结果。一方面，有的公司做生物床为降低成本，在生物床上放很多黄土或红土；另一方面，养鸭户管理不当，不及时翻动垫料，饮水点附近的垫料积水变质腐败，鸭只嬉戏脏水，导致鸭羽毛特别是腹部的羽毛、皮肤被污染甚至皮肤出现小红点。经有关专家的调查，不放土的效果要大大好于放土的效果。

（三）蛋鸭旱地平养结合间歇喷淋技术

喷淋是近几年兴起的一种养殖技术，分为从上而下喷淋和从下而上喷淋2种模式，但后者效果更好。由上而下喷淋使鸭的背部羽毛得以清洁，但腹部羽毛容易板结，影响外观。由下往上的喷淋方式使鸭腹部和背部的羽毛相对干净。生产性能测定显示，喷淋组与非喷淋组相比，母鸭死淘率和每只母鸭耗料显著下降，产蛋数、产蛋总量、平均产蛋率、平均蛋重以及料蛋比显著提高，具有较大的推广潜力（图7-2）。

图 7-2　蛋鸭旱地平养结合间歇喷淋

1. 蛋鸭旱地平养结合间歇喷淋技术的优势　将蛋鸭放在鸭舍建筑内饲养，结合喷淋装置对蛋鸭进行喷淋，将蛋鸭饲养与公共水域隔离开来，喷淋的水和粪便通过沟槽的收集，集中处理，实现无害化处理，避免产生疾病的传播和对水域的污染。采用喷淋装置，可以刺激蛋鸭分泌尾脂腺，梳理羽毛，满足蛋鸭的生理需求，保持原有产蛋量。通过饲料桶和饮水器对蛋鸭的采食和饮水进行控制，保证蛋鸭的采食和饮水的质量，提高了蛋鸭生产的生物安全性，而且将喷淋水与饮水分离，又有效控制了病毒通过粪口途径传播。由于蛋鸭在旱地上活动，减少饲料散落水中引起的浪费，显著节约了蛋鸭的饲料消耗，降低饲养成本。由于配套了蛋鸭产蛋箱，使鸭蛋粪污率大大降低，实现净蛋生产，避免造成餐桌污染。因此，用旱地圈养结合喷淋装置，不仅能够保证蛋鸭遗传潜能的充分发挥，不影响蛋鸭的产蛋性能和蛋的品质，大量节省饲料，而且能够实现无公害饲养，避免疾病传播。该技术的使用实现了蛋鸭无公害生产，有效提高蛋种鸭的生物安全水平，切断高致病性禽流感等传染病的传播途径，为消除鸭蛋壳粪污带来的餐桌污染提供了技术支撑。

2. 蛋鸭旱地平养结合间歇喷淋主要技术措施

（1）配备设施

①旱地运动场和产蛋间　鸭舍设舍内产蛋间和旱地运动场，地面铺水泥。产蛋间用谷壳或木屑作垫料。旱地运动场向外侧倾斜，坡度为2%～3%。旱地运动场与舍内产蛋间的面积比例为（1～1.5）∶1。

②产蛋箱　开产前，在产蛋间沿墙放置产蛋箱，每个产蛋箱长40cm、宽30cm。每4～5只蛋鸭一个产蛋箱。

③饮水器　采用钟型饮水器、普拉松自动饮水器或专供鸭用的乳头式饮水器。育雏期（0～28日龄）每80～100只需直径15cm普拉松自动饮水器一个，育成期（29日龄至开产前2周）每50～60只需直径20cm普拉松自动饮水器一个，产蛋期（开产后）每40～50只鸭应有直径35cm自动饮水器一个，悬挂高度以鸭子正好够着为准。

④料桶　在产蛋间或旱地运动场有檐处设吊挂式料桶。育雏期每80～100只配直径25cm的料桶一个，育成期每40～50只配直径30cm的料桶一个，产蛋期每40～50只配直径35cm的料桶一个，悬挂高度以鸭子正好够着为准。

⑤间歇喷淋设施　在旱地运动场外缘平行于鸭舍纵向铺设宽度80～100cm的排水沟，排水沟内径500mm，斜度0.5%。上盖活动漏缝格栅，格栅网眼以鸭掌不陷落为准。格栅上方80～100cm铺设直径1.5cm的间歇喷淋管，喷淋管朝天一侧每隔15～20cm安装孔径1mm的喷水孔，保持喷淋管内约1.5个大气压的水压，使喷淋水形成水花。喷淋用水和旱地运动场冲洗用水经排水沟汇集后进行无害化处理。

雏鸭每25～35只设置一个喷水孔，育成鸭（29日龄至开产前2周）每15～20只设置一个喷水孔，产蛋鸭（开产后）每10～12只设置一个喷水孔。

⑥无害化处理设施　应设有粪便污水和病死鸭尸体无害化处理设施。喷淋水和旱地运动场的冲洗水经排水沟汇入沼气池，每100只成鸭需要建沼气池1m^3。喷淋用水和旱地运动场冲洗用水经排水沟汇入沼气池，经无害化处理达标排放。

（2）饲养管理要点

①产蛋间饲养密度　每平方米产蛋间饲养1～14日龄雏鸭25～35只，15～28日龄雏鸭15～25只，育成鸭8～14只，产蛋鸭（开产后）7～8只。

②喷淋程序　蛋鸭旱地平养结合间歇喷淋见表7-2。

表7-2　蛋鸭旱地平养结合间歇喷淋程序

季　节	每天喷淋次数	每次喷淋时间
冬季	9：00—10：00，15：00—16：00，共两次	20～30min
春、秋季	8：00—9：00，12：00—13：00，16：00—17：00，共三次	30min
夏季	8：00—9：00，11：00—12：00，14：00—15：00，17：00—18：00，共四次	30～40min

③鸭蛋收集　初产期要及时拾起窝外蛋，将蛋放进产蛋箱。保持蛋箱和产蛋间垫料清洁，保证鸭蛋壳不受粪便污染。

（四）蛋鸭的笼养技术

蛋鸭传统的养殖方式比较粗放，如圈养、散养、放牧或半放牧等方式，集约化程度低，并且存在地域限制、管理不便和不适于规模化生产需要的问题。因此，为适应集约化、规模化生产，蛋鸭笼养（图7-3）技术越来越受到重视，从而为蛋鸭生产开辟了一条新的养殖途径，这在生产实践中具有极其重要的意义。

图 7-3 蛋鸭笼养

1. 蛋鸭笼养的优势

（1）提高单位面积鸭舍利用效率和劳动生产率 笼养不需要运动场和水面，采用双列式 3 或 4 层笼养方式，蛋鸭笼养占地面积小，可以充分利用空间，单位面积鸭舍的饲养量较地面平养大幅度增加，从而提高了鸭舍的利用效率。由于简化了饲养管理操作程序，降低了劳动强度，劳动生产效率得到有效提高，每位饲养员管理鸭子的数量可增加 1 倍以上。

（2）有利于疫病的预防和控制 ①笼养蛋鸭的生产过程在鸭舍内进行，隔绝了鸭与外界环境的直接接触，有效降低了生产期间与外界环境病原微生物接触的机会，尤其是对以某些飞禽候鸟为传染源进行传播的疫病（如禽流感）；②笼养鸭由于活动空间有限，防疫所需时间短，可减少免疫应激；③笼养蛋鸭可避免饮水器、食槽被粪便污染，减少传染病的发生，即使个别发病的蛋鸭也能够及时被发现并得到有效治疗或淘汰，可有效降低大群感染疫病的风险。

（3）提高饲养经济效益 笼养蛋鸭由于不易发生抢食现象而采食均匀，使鸭群体重均匀、开产整齐，又因活动范围小，减少运动量和体力消耗，而降低了饲料消耗。此外，笼养鸭个体健康和生产性能状况信息能得到及时反馈，有利于淘汰不良个体，使鸭群产蛋率大幅度提高。

（4）有利于环境保护和清洁生产 传统平养方式由于缺乏严格的管理和行为的约束，加上集中处理废弃物的能力较弱，导致单位面积承载量过大，加剧环境的污染。笼养过程中，由于蛋鸭处于相对封闭的环境中，养殖过程中的污染源仅局限于养殖场地，所产生的代谢排泄物便于采集，经适当处理可合理利用或达标排放，不会对环境造成污染或危害，有利于实现清洁生产，减少蛋品污染及传染病的发生率。笼养蛋鸭刚产下的鸭蛋，由于斜坡和重力作用滚到集蛋框中，脱离了与鸭的直接接触，且笼子底部与鸭蛋直接接触面比较干净，降低了鸭蛋污染程度，较完整地保存蛋壳外膜，有利于延长鸭蛋的保鲜和保质期，改善鸭蛋外观，减少蛋制品加工过程的洗蛋工艺。

2. 蛋鸭笼养主要技术措施

（1）鸭舍场址的选择与建设　鸭舍要求建在通风良好、采光条件较好的地方，并配置电灯辅助照明。产蛋鸭舍的建设与产蛋鸡舍形式相同，必须具有良好的通风、采光与保温性能，也可用蛋鸡舍进行改建。一般每幢产蛋舍面积为150～200m^2，饲养量控制在约2 000只为好，便于防疫与管理。调整电灯位置，每20m装一个25W的灯泡。

（2）鸭笼构造　鸭笼可用竹片或铁丝网构建成木笼或铁笼，由直径4cm以上的木杆作支架，通常制成梯架式双层重叠鸭笼。每组鸭笼前高37cm、后高32cm、长190cm、宽35cm。料槽安装在前面，底板片顺势向外延伸20cm为集蛋槽，笼底面离地45～50cm，坡度4.2°，使鸭蛋能顺利滚入集蛋槽。上下笼要错开，不要重叠，应相隔20cm。每笼饲养成鸭1～3只，配自动饮水乳头1个。

（3）育雏期饲养技术　一般采用网上育雏，室温保持30℃左右，湿度60%，3d后每天降2℃，一直降到22～23℃。室内要求光照充足，通风良好，白天自然光照，夜间每30m^{2}用2个15W灯泡照明。雏鸭在入育雏室内休息1h后可潮口，可饮用5%葡萄糖水或糖水，潮口后改为普通水，潮口后1～2h即可开食，将料拌湿，每昼夜喂5次，全天保持饮水器有水。

（4）育成期饲养技术　笼养蛋鸭采用全重叠式或多层笼，每层4笼，每笼4只蛋鸭，可干喂，也可湿喂，一日喂4次，饮水5次。饲料量每天递增2.5g，一直到60日龄为止，每只鸭150g，以后始终维持这个水平，80日龄时，注射鸭瘟疫苗，120日龄时注射禽霍乱菌苗，进入产蛋高峰期尽量避免蛋鸭打针。

鸭育成期在冬季白天可利用自然光照，遇阴天光线不足时适当用电灯辅助照用，夜间通宵弱光照明，每30m^{2}鸭舍装1个15W灯泡。夏季舍内温度不能高于30℃，每2d清粪便1次；冬季舍内温度为20℃，最低不低于7℃，冬季注意通风，以无粪便刺激气味为标准，每3d清粪便1次。

（5）产蛋期的饲养管理

①上笼　75～80日龄上笼饲养。每个笼位放1～3只鸭子。上笼选择晴好天气，白天进行。刚上笼鸭表现为不安宁，会惊群，此时要保持环境安静，减少其他人员出入，及时将逃逸的鸭归位。

②吃料与饮水的调教　投料前先在食槽中放水，自由饮水约0.5h后，将水放掉，再放入饲料。饲料先用25%～30%的水拌湿，均匀铺在食槽中。开始几天每天少量多餐，笼养的适应期一般需要2周左右，等正常后日投料次数固定为每天早、中、晚3次。

③体重控制　上笼后，根据蛋鸭的体重将全群鸭进行大致上的分组，体重偏小组的投料量适当增加，这样可以改善整个鸭群的均匀度，使开产均匀，并

缩短到达高峰期的时间间隔。这也是笼养的优点之一，圈养不可能采用这样的技术措施。

④光照　开始以自然光照为主，夜间在舍内留有弱光，使鸭群处于安静状态。产蛋期早晚要进行人工补光。光照以每 20m^{2}配备 1 个 25W 白炽灯，调整灯泡的高度，尽量使室内采光均匀。补光以每周 15min 的方式渐进增加，直到延长至每天 15～16h 为止，并固定下来。

⑤卫生　按免疫程序要求注射各种疫苗。每天观察鸭群的采食饮水粪便及精神状态，发现异常及时治疗与隔离。每周进行一次环境与空气消毒。定期在饲料或饮水中添加抗生素与消毒药，定期清粪。

⑥通风换气　夏天时增设通风与喷淋设备，降低舍温。产蛋的最佳温度为 15～20℃。冬天注意冷风的直接吹入，减少换气量，以舍内空气不过于混浊为原则，换气选择在中午时进行。

⑦饲料　笼养后因失去了一切觅食机会，要特别注意饲料的营养全面与均衡，微量元素与维生素的添加量要比圈养方式提高 20%～30%，每周添喂沙砾 1 次。与圈养相比，在饲料能量指标上，可适当调低。随气温变化投料量也应进行调整，冬天气温每下降 1℃，增加投料 2g。饲料原料须保证新鲜与卫生，避免霉变原料。

笼养蛋鸭比平养蛋鸭能提早达到产蛋高峰期。在笼养蛋鸭的饲养过程中，常出现一定数量的软壳蛋和薄壳蛋，在产蛋进入高峰期前尤为突出，因此高峰期中应对笼养鸭实行单独补钙，钙料最好用蛋壳粉，次之用贝壳粉、骨粉。补饲时间在下午至夜间熄灯前均可。补饲数量根据软壳蛋及薄壳蛋所占的比例而定，一般以软壳蛋和薄壳蛋基本消失为合适，通常每 100 只鸭每次补充量以 0.5kg 为宜。

⑧捡蛋　鸭的产蛋时间多集中于夜间，因此早晨首先的工作是集蛋，白天也须定时将零星蛋加以收集，尽量减少破蛋的发生。

⑨高峰期喂料　产蛋达到高峰期前 3 周开始，投料由前期的 3 次改为 4 次。最后一次尽量往后推迟，投料量也适当增加，最好是在 20：00 以后，这对产蛋率和蛋重的提高很有帮助。

（6）笼养蛋鸭疾病预防

①驱虫　蛋鸭上笼 20d 驱 1 次蛔虫，如利用第二年产蛋高峰，则在停产换羽期间驱蛔虫、鸭虱各 1 次。

②免疫　疫苗种类的选择应根据本地、本场的具体情况而定。进入产蛋高峰期尽量避免打针。

③鸭病防治　在饲养场进门口应建有消毒设施，每排饲养舍入口处设消毒池。春、夏、秋季每 2d 清粪便 1 次；冬季注意通风，以无粪便刺激气味为标

准，每 3d 清粪便 1 次。每周舍内外消毒 1 次。笼养蛋鸭与外界较少接触，减少了病菌、病毒感染机会，同时可避免饮水器、食槽被粪便污染，不易发生传染病。但要注意蛋鸭脱肛和软脚病的防治。

3. 笼养方式存在的问题以及注意事项

（1）笼养方式存在的问题

①应激反应现象　笼养限制了鸭的活动，使鸭长期处于应激状态。在夏天高温季节，如未配备降温设施，热应激反应严重，中暑时常发生。另外，笼养蛋鸭的饲养管理操作都是在与鸭距离较近的情况下进行的，难免会对鸭产生不良影响。

②容易导致软脚病　笼养鸭因长期在鸭笼中饲养，活动空间受到限制，鸭大部分时间伏着休息，活动少，易导致软脚病等问题。

③鸭羽毛零乱，外观差　鸭上笼以后，由于断绝与水的直接接触或受到活动空间的限制，梳理羽毛的行为大大减少，加上鸭与笼壁及鸭与鸭之间接触摩擦机会大大增加，影响了羽毛色泽和鸭的外观。

④发生卡头、卡脖子、卡翅现象　由于必要的饲喂、捡蛋等工作由饲养员来操作，饲养员在操作时与鸭的近距离接触会使鸭产生躲避反应，笼具设计不良时常会发生卡头、卡脖子、卡翅现象，对鸭子造成直接伤害，增加鸭的淘汰数量。

⑤增加养殖成本　笼养时需要特制鸭笼等设施，使养鸭的成本（笼和槽）一次性投资增加，如仅饲养 1 年，经济效益不如平养可观，若多年利用的话，成本会大大降低。

（2）蛋鸭笼养的注意事项

①笼养技术目前已较为成熟，但受到设备设施投入较大等因素的制约，在生产上的应用尚不普及，若没有养蛋鸡与蛋鸭经验的饲养者，最好是从小批量开始试养，并需得到有经验人员的指导。

②鸭笼的改造直接影响生产性能。料槽和集蛋架一定要改造到位。

③饲料的配制上营养要充足全面，并随着产蛋量、气温的变动及时进行调整。

④饲养管理上要特别精细，尤其是刚上笼时的调教阶段。

第二节　鹅的饲养管理技术

一、雏鹅的饲养管理

1. 开水和开食　雏鹅出壳后的第一次饮水称开水或潮口。一般雏鹅出壳后 24～36h，在育雏室内有 2/3 雏鹅有啄食现象时应进行开水。开水的水温以

25℃为宜，开水可用5%～10%葡萄糖水和含适量B族维生素的水。开水时可轻轻将雏鹅的喙按入饮水器中2～3次，让其学会饮水。开水后即可开食。开食料用雏鹅配合饲料或颗粒破碎料加上切碎的少量青绿饲料，其比例为1∶1；也可用蒸熟的籼米饭加一些鲜草作开食饲料。开食时可将配制好的全价饲料撒在塑料薄膜或草席上，引诱雏鹅自由吃食，也可自制长30～40cm、宽15～20cm、高3～5cm的小木槽喂食，周边要插些高15～20cm、间距3～5cm的竹签，防止雏鹅跳入槽内弄脏饲料。开食不要求雏鹅吃饱，只要能吃进一点饲料就可以了。过2～3h再用同样方法调教，几次以后雏鹅便会自动采食。

2. 饲喂次数和方法 育雏阶段饮用水要充足供应，饲喂应少食多餐。1周龄内，每天喂6～8次，在前3d，喂的次数可少一些，每天喂6次左右。到4日龄后雏鹅体内蛋黄多已吸收完，体重较轻，俗称收身，这时，消化力和采食力都在加强，可每天喂8次。10～20d日龄开始每日喂6次，20日龄后每日喂4次（其中夜间1次）。

应把精料和青绿饲料分开喂，先喂精料，再喂青绿饲料，这样可以避免雏鹅专挑食青绿饲料，少吃精料，使雏鹅采食到全价饲料，既满足了雏鹅对营养的需要，又可防止吃青绿饲料过多引起腹泻。

3. 雏鹅的饲料 育雏鹅前期，精料和青绿饲料比例约为1∶2，以后逐渐加青绿饲料的比例，10日龄后比例改为1∶4。

4. 放牧和放水 雏鹅适时放牧，有利于增强适应外界环境的能力，强健体质。春季育雏从5～7日龄开始放牧。放牧选择晴朗无风的天气，喂料后放在育雏室附近平坦的嫩草地上，让其自由活动，自由采食青草。开始放牧时，时间要短，随着雏鹅日龄增加，逐渐延长放牧时间。阴雨天或烈日下不能放牧，放牧时慢赶慢走。气温适宜放牧时，可以把雏鹅赶到浅水处，让其自行下水、自由戏水，切勿强行赶入水中，以防风寒感冒。开始放牧、放水的日龄应视气温情况而定，夏季可提前1～2d，冬季可推迟几天。放牧时间和距离随着日龄的增长而增加，以锻炼雏鹅的体质和觅食能力，以便逐渐过渡到放牧为主，减少精料补饲，降低饲养成本。

5. 卫生防疫 搞好卫生防疫工作，对提高雏鹅生活力，保证鹅群健康十分重要。卫生防疫工作包括经常打扫场地和更换垫料，保持育雏室清洁、干燥，每天清洗饲槽和饮水器，并进行环境消毒，按免疫计划接种疫苗。同时要防止鼠、蛇等敌害动物伤害雏鹅。

二、仔鹅的饲养管理

仔鹅是指4周龄以上至转入育肥前的青年鹅。这阶段鹅的生长发育十分迅速，觅食力、消化力和抗病力都已显著提高，对外界环境的适应力增强，是肌肉、骨骼和羽毛迅速生长的阶段。在此期间食量大，耐粗饲、饲养应以放牧为主，才能最大限度地把青绿饲料转化为鹅产品，同时适当补饲精料，满足鹅快速生长对营养物质的需要。

仔鹅的饲养方式有放牧饲养、放牧与舍饲相结合和舍饲3种。周边放牧场地充裕或饲养规模较小的，可采用放牧方式。饲养成本低，经济效益好。对放牧条件要求高，有一定规模的鹅群，可采用放牧结合舍饲，如结合种草养鹅，也能获得高的经济效益。全精料舍饲，成本高，一般不采用。对规模饲养场来说，最适宜采用种草养鹅的饲养方式。利用周边土地种植牧草，按饲养规模确定种草面积、牧草品种和播种季节，做到常年供应鲜草。这种饲养方式不受放牧场地和饲养季节的限制，能减轻放牧的劳动强度。采用规模化饲养，是发展现代养鹅业的主要形式。

1. 仔鹅放牧饲养 在放牧初期，上、下午各放牧1次，中午赶回鹅舍休息。天热时，上午早放早归，下午晚放晚归，中午在鹅舍休息；天冷时，上午晚出晚归，下午早出早归。随鹅日龄增加，逐步延长放牧时间，中午不回鹅舍，选荫凉处就地休息、饮水。鹅采食最多的时间是早晨和傍晚，放牧也要尽量早出晚归，使鹅群尽量多采食青草。

（1）放牧场地的选择 优良放牧场地应具备4个条件：一要有鹅喜食的优良牧草；二要有清洁的饮用水源；三要有树荫或其他荫蔽物，供鹅群遮阳或避雨；四要道路平坦。放牧场应划分成若干小区，按小区有计划地轮放，以保持每天都有适于采食的牧草。农作物收割后的茬地也是极好的放牧场地。

（2）放牧鹅群的编组 放牧鹅群要根据牧地情况及管理人员的放牧经验而定，一般以250～300只组成1个放牧群为宜，每群由两人负责放牧。牧地开阔开坦的，鹅群可以增加到500～1 000只。鹅群过大，不易管理。

（3）放牧鹅的补饲 放牧场地条件好，有丰富的牧草和收割后的遗漏谷粒可供采食，牧地采食的食物能满足鹅生长的营养需要，可不补饲或少补饲。放牧场地条件较差，牧草贫乏，牧地采食的营养物质满足不了鹅生长发育的需要，要给予充足的补饲。补饲料以青绿饲料为主，拌入少量糠麸类粗饲料和精饲料，于晚上供鹅群自由采食。

（4）放牧注意事项 防中暑及雨淋。热天放牧要多饮水，不要在烈日下长时间放牧，防止中暑。中午在荫凉处休息。放牧中遇雷雨、大雨，要及时收牧，防止惊吓。注意不要让其他动物突然接近鹅群，以防惊吓。施过农药的牧地，在药效期内严禁放牧。误食带农药的牧草或有毒植物造成中毒时，要及时采取解救措施。放牧要逐步锻炼，距离由近渐远，逐步增加行走路程。行走途中，速度要慢，以免鹅聚集成堆，前后践踏受伤，吃饭后，更要徐赶慢走。

（5）舍饲饲养 规模化集约养鹅，放牧场地受到限制，一般采用栏舍饲养。舍饲养鹅要多喂青绿饲料。解决青绿饲料来源最佳途径是种植牧草。舍饲时，要保持饮水池的清洁卫生，勤换鹅舍垫草，勤打扫运动场。舍饲喂育成鹅的饲料，要以青绿饲料为主，精、粗饲料合理搭配。饲料中蛋白质含量和钙、磷比例要合理，保持饲料的全价性。运动场内需堆放沙砾，供鹅选食，以保持鹅肌胃的消化功能，预防发生消化不良，尽量扩大运动场面积，使鹅能有较充足的运动场地。

2. 仔鹅的育肥　仔鹅上市前需经过短期肥育，以改善肉质，增加肥度，提高产肉量。肥育可采用放牧和舍饲两种方法。

（1）放牧肥育　是一种传统的肥育方法，成本较低，在农村广为使用。放牧肥育主要利用粮油作物收割后，茬地遗留的籽实及昆虫等供鹅采食，以代替精、粗饲料。放牧肥育须充分了解农作物的收割季节，事先安排好放牧的茬地，有计划地孵化、育雏，使仔鹅的放牧期与作物的收割期相衔接。可在 3 月下旬至 4 月上旬开始育雏，以便仔鹅在麦类茬地放牧，放牧结束，仔鹅已完成肥育过程，即可上市销售。粮油作物茬地放牧肥育受作物收割季节的制约，如未能赶上收割季节，则需进行短期的舍饲肥育。

（2）舍饲肥育　效率高，肥育的均匀度好，适用于放牧条件较差的地区和不宜放牧的季节，最适于集约化批量饲养。

将仔鹅置于光线暗淡的肥育舍内饲养，限制运动，喂给含糖类丰富的谷实类饲料，让鹅自由采食，日喂 3～4 次，供给充足的饮水，以增加食欲，促进消化，使鹅体内脂肪迅速沉积，经 10～14d 肥育，即可上市销售。

（3）种鹅的选择　培养种鹅要从选雏鹅、选青年鹅、选后备种鹅、产蛋后再挑选等多次筛选过程，才能选出优良的种鹅。

①选雏鹅　要从 2～3 岁的母鹅所产种蛋孵化的雏鹅中，挑选准时出壳、体质健壮、绒毛有光泽、腹部柔软、无硬脐的健雏，作为留种雏鹅。

②选青年鹅　在通过初选的青年鹅中，把生长快（体重超过同群的平均体重）、羽毛品质及颜色符合本品种标准、体质健壮、发育良好的留作后备种鹅，淘汰不合格的个体。选青年鹅一般在 70～80 日龄时进行。

③选后备种鹅　在通过青年鹅选择的鹅群中选择后备种鹅。公鹅要求体形大，体质强壮，各器官发育匀称，肥瘦适度，头中等大，眼睛灵活有神，有雄相，颈粗长，胸深而宽，背宽而长，腹部平整，两腿间距宽，鸣声洪亮，阴茎发育良好，精液品质优良。淘汰发育不良、阴茎短小、精液量少、精子活力低的公鹅。母鹅一般在开产前进行，要求体形大，羽毛紧贴，光泽明亮，眼睛灵活，颈细长，身长而圆，前躯较浅窄，后躯深而宽，耻骨间距宽。

④产蛋后再挑选　在通过后备种鹅选的鹅群中选择种鹅。将留作种用的个体分别编号，记录开产期（日龄）、开产体重、第一年的产蛋数（每窝分别记

载)、平均蛋重和就巢性。根据以上资料，将产蛋多、持续期长、蛋大、体形大、就巢性弱、适时开产的优秀个体留作种母鹅。将产蛋少、就巢性强、体重轻、开产过早或过迟的母鹅淘汰。

三、后备种鹅的饲养管理

后备种鹅是指 70 日龄以后，到产蛋或配种之前，准备留作种用的鹅。

在种鹅的育成期间，饲养管理的重点是对后备种鹅进行限制饲养。其目的在于控制体重，使其具有良好的体质，适时开产，充分发挥种鹅的产蛋潜力，提高种蛋的合格率。根据后备鹅的生长发育特点，其饲养方式可分为生长阶段、控制饲养阶段和恢复饲养阶段。限制饲养应根据每个阶段的特点，采取相应的饲养管理措施，以提高种鹅的种用价值。

1. 生长饲养　青年鹅 80 日龄左右开始换羽，经 30～40d 换羽结束。这个阶段青年鹅仍处在生长发育阶段，由于换羽需要较多的营养，不宜过早粗饲，应根据放牧场地的草质情况，逐步降低饲料饲养水平，使青年鹅体格发育完全。

2. 控制饲养阶段　后备种鹅经第二次换羽后，供给充足的饲养，经50～60d 便开始产蛋。此时身体发育远未完全成熟，大群饲养时，常出现个体间生长发育不整齐，开产期不一致，饲养管理十分不便。因此要采用控制饲养措施来调节母鹅的开产期，使鹅群比较整齐一致进入产蛋期。公鹅第二次换羽后，开始有性行为，为使公鹅充分成熟，在 120 日龄起，公、母鹅应分群饲养。

后备种鹅的控制饲养方法主要有两种：一种是减少喂料数量，实行定量饲喂；另一种是控制饲料的质量，降低日粮的营养水平，鹅以放牧为主，大多采用降低日粮营养水平的方法。降低日粮水平要根据放牧的条件、季节以及种鹅的体质等状况，灵活掌握精、粗饲料配比和饲喂量，使之既能维持鹅的正常体质，又能防止种鹅过肥。

在控制饲养期间，应逐渐降低饲料的营养水平，每日的喂料次数由 3 次改为 2 次，尽量延长放牧时间，逐步减少每次喂料量，母鹅的日平均饲料用量一般比生长阶段减少 50%～60%。饲料中可添加较多的填充粗料（如粗糠），以锻炼鹅的消化能力，扩大食管容量。后备种鹅在草质良好的草地放牧，可不喂或少喂精料。

此阶段的管理要点：①挑出弱鹅。随时观察鹅群的精神状态、采食情况等，发现弱鹅、伤残鹅等要及时挑出，进行单独的饲喂和护理。②注意防暑。育成期种鹅往往处于 5—8 月，气温高，应做好防暑工作。放牧时应早出晚归，避开酷热的中午。早上天微亮就应出牧，10：00 左右将鹅群赶出栏舍或在荫凉处让鹅休息，到 15：00 左右再继续放牧，待日落后收牧。休息的场地最好有水源，便于鹅饮水、戏水、洗浴。③搞好鹅舍的清洁卫生。每天清洗食槽、水盆，及时更换垫草，保持栏舍的清洁干燥，做好定期消毒工作。

3. 恢复饲养阶段 经控制饲养的种鹅，应在开产前30～40d进入恢复饲养阶段。此期应逐渐开始加料，让鹅恢复体力，促进生殖器官发育，补饲定时不定量，饲喂全价饲料。

在开产前，种鹅要服药驱虫及做好免疫接种工作。根据种鹅免疫程序，进行小鹅瘟、禽流感、鹅副黏病毒病等的疫苗接种。

第三节 肥肝和羽绒生产技术

一、肥肝的生产技术

（一）肥肝用品种的选择

1. 品种选择 品种对肥肝的影响很明显，一般而言，凡肉用性能好的大型鹅种都可用于生产肥肝。国际上用于肥肝生产的鹅种，主要有法国土鲁斯鹅、朗德鹅、玛瑟布鹅、莱茵鹅、匈牙利白鹅、意大利鹅、以色列鹅等，其中首推土鲁斯鹅。我国用于生产肥肝的鹅种，除豁眼鹅外，都具有较好的肥肝生产性能，其中以狮头鹅和溆浦鹅表现最好，已达到国际先进水平，且肝质较好、繁殖力高，平均肥肝重可达700g左右。在实践中，为了提高肥肝的生产能力，常采用杂交方式，以生产肥肝较好的品种为父本，以产蛋性能较好的品种为母本，用杂交仔鹅生产肥肝。这种方式可获得较多的肥雏鹅，加之杂交仔鹅生长发育快、适应性强，更有利于肥肝生产。目前，常用的母本鹅有太湖鹅、四川白鹅、五龙鹅等。应选用颈粗而短的鹅作肥肝鹅，便于操作，不易使食管伤残。

2. 体重选择 供生产肥肝鹅的体重标准因体形而异，大、中型品种填饲体重以4～5kg，小型品种相应以3～3.5kg为宜。若体重较小，肝脏中沉积的脂肪相对较少，生产的肥肝较小，饲料转化率也较低。

3. 性别与年龄 一般来说，母鹅比公鹅易肥育，与其雌性激素分泌有关，但母鹅的耐填性与抗病力较差。适宜的填饲年龄，不仅关系着肥肝的品质和重量，还影响胴体质量和肥肝的填饲成本。应在体成熟后，即肌肉组织停止生长时，用于生产肥肝。就我国鹅种来看，大、中型品种宜在4月龄开始填饲，发育良好的肉用仔鹅养至3月龄、体重达到4 500～5 000g时，也可以提前进入填饲期，小型品种或杂交种宜在3月龄时开始填饲；成年和老年鹅也可用来生产肥肝，但必须体格健壮，还应有2～3周的过渡预饲期，以调整体况。此外，在填饲前2～3周，应给放牧的鹅供应含粗蛋白20%的饲料，促使其骨骼、肌肉更好地发育，内脏器官得到充分的锻炼，为填饲打下良好的基础。

（二）填肥鹅的饲养

鹅肥肝生产属劳动密集型和技术密集型产业，在整个生产过程中填饲人员起着非常重要的作用，因此，填饲人员需要经过专业的技术培训，掌握鹅在整个填饲期的特点，严格按规程进行操作。

1. 预饲期 预饲期是正式填喂前的过渡阶段，通过预饲期，让鹅逐步完成由放牧转为舍饲、由自由采食转为强制填饲、由定额饲养转为超额饲养的转变，并在这个转变中，增强体质，锻炼消化器官，加强肝细胞的贮存机能，适应新的饲养管理模式。

预饲期开始前要用2%氢氧化钠溶液对圈舍进行消毒。前2周免疫接种禽霍乱疫苗，用丙硫咪唑或吡喹酮驱虫。在不严重时可设沙浴驱虱，严重的可用0.2%敌百虫在晚上喷洒于鹅体羽毛表面。

此阶段饲料主要是玉米，以适应强制育肥时填饲大量的玉米粒；小麦、大麦、燕麦和稻谷等可在日粮中占一定比例，但最好不超过40%。这些谷物最好在浸泡后饲喂。豆饼（或花生饼）主要供鹅蛋白质需要，一般可在日粮中添加15%～20%；鱼粉或肉粉为优质蛋白质饲料，可在日粮中添加5%～10%。每日饲喂3次，可分别在8：00、14：00、19：00进行，给食量逐步增加，自由采食，让其逐渐适应采食玉米粒，为适应填饲做准备。青饲料是预饲期另一类主要饲料，在保证鹅摄食足量混合饲料的前提下，应供给大量适口性好的新鲜青饲料。为了提高食欲，增加食料量，可将青饲料与混合料分开来饲喂，青饲料每天1～2次，混合料每天喂3次。其他成分包括骨粉3%、食盐0.5%、沙砾1%～2%，这三者均可直接混于精料中投喂。为了帮助消化，可加入适量的B族维生素或酵母片，也可添加多种维生素，添加量为每100kg饲料10g。

鹅的舍内饲养密度以2只/m^2为宜，每圈以不超过20只为好。在气温较低的季节，圈内要经常打扫，光线宜暗，保持安静。当小型品种的鹅每天精料摄食量达到200g左右、体重增加到4 000g，大型品种的鹅采食量每天达到250g、体重增加到5 500g时，即可转入填饲期。

2. 填饲期 填饲期是鹅肥肝生产的决定性阶段。在这个阶段，要充分利用人力、机械、饲料、鹅舍等方面的条件，正确进行填饲生产，力争在较短的时间内，以较少的饲料，生产尽量多的优质肥肝。

（1）填饲饲料调制方法 填饲饲料应选择能量高和胆碱含量低的饲料。因为肥肝的主要成分是脂肪，脂肪主要由高能量饲料转化而来，而胆碱的作用是促进肝脏中的脂肪转移，起着防止脂肪在肝脏中沉积过多的作用，故饲料中胆碱含量高，必然会影响脂肪在肝脏中的沉积，从而影响填饲效果。富含淀粉的饲料如玉米、小麦、大麦、燕麦、大米、稻谷、土豆等均可用来填饲育肥。其中玉米是最好的一种填料，其所含的胆碱、磷含量均低于小麦、大麦、燕麦、大米等其他高能量饲料。使用玉米作肥肝填饲饲料，肥肝平均重比用其他种类高能量饲料提高20%～45%。玉米应进行一定的加工处理，以整粒黄色为佳，使用前剔除杂质和劣质、霉变玉米，留下粒大、饱满、色质好的，在料型上应选用玉米粒料。如有必要可在饲料中添加一些助消化药。

玉米粒加工方法包括水煮法、干炒法和浸泡法。其中，水煮法最为适用。①水煮法就是将玉米粒放入开水锅内，水面要浸过玉米15～16cm，水烧开后煮5～10min即可。将玉米捞出后沥干，趁热加入2%～3%动（植）物油、0.5%～1.0%的食盐和0.01%的多种维生素搅匀后即可使用，填料的温度以不烫手为宜。水煮玉米不能煮得太久，以玉米粒表皮起皱（拨开玉米粒后，玉米芯还是白色），用手搓时能去皮最佳，约为七成熟，以免由于吸水过多，玉米体积增大、容易破裂而影响填料量。②干炒法是将玉米在铁锅内用文火不停翻炒，至粒色深黄，八成熟为宜。炒完后装袋备用，填饲前用温水浸泡1～1.5h，至玉米粒表皮展开为宜。随后沥去水分，加入0.5%～1%的食盐，搅匀后填饲。另一种炒玉米的方法是将玉米倒在能滚动（电机带动）的锅里加热炒。③浸泡法是将玉米粒置于冷水中浸泡8～12h，随后沥去水分，加入0.5%～1%的食盐和1%～2%的动（植）物油。

（2）填饲操作方法　填饲方法有两种。一种是传统的手工填饲法，另一种是采用电动螺旋推进器填饲机填饲。

①手工填饲员在填饲前先要详细观察鹅的体况和外形，选择生长发育良好，体格健壮，头颈粗长，体重大于4kg的健康鹅。然后用手触摸鹅的颈下部，估计有多少饲料存留其内，再决定填饲量。消化快的鹅，要多填饲；反之则少填饲或暂停填饲。调制好的填饲料倒入料斗，填饲者用手指插入其中试温，以手感温热而不烫手为原则。然后由填饲人员用左手握住鹅头并用手指打开鹅喙，右手将玉米粒塞入鹅的口腔内，并由上而下将玉米捋向食管膨大部，直至距咽喉约5cm为止。手工填鹅费力费时，但填饲较安全，不易造成鹅的食管损伤。

②填饲机填饲可以大大提高劳动生产率，填料量多且均匀，适合批量生产。机械填饲时助手将鹅固定在笼具上的固禽器上，填饲员坐在填饲机座位上，面对填饲机填饲管，左手抓住鹅头，掌心贴住鹅头顶部，拇指和食指捏开鹅喙的基部，用右手的拇指和中指固定鹅喙的基部，用食指伸入鹅的口腔内按压鹅舌的基部，将填饲机的填饲管缓慢地插入鹅的口腔，沿咽喉、食管直插至食管膨大部的中端。待填饲管插入预定位置后，填饲员右脚踩填饲开关，螺旋推运器运转，玉米粒从填饲管中向食管膨大部推送，填饲员左手仍固定鹅头，右手触摸食管膨大部并缓慢地挤压，待玉米填满时，边填料边退出填饲管，自

下而上填饲，并且右手要顺着进料的方向缓慢地抚摸食管，做往下挤压玉米的动作，使食管和食管膨大部充分均填满玉米，直至距咽喉约 5cm 为止，右脚松开脚踏开关，停止输送玉米。将鹅头、咽部慢慢从填饲管中退出，填饲员仍捏住鹅头，再次抚摸鹅的食管，把食管中的玉米送入食管膨大部，以防止鹅甩头把填入的玉米粒从食管中甩出来。缓慢地松开鹅头，助手将鹅轻轻放回笼中。填饲员应注意手脚协调并用，脚踩填饲开关填饲玉米与向下退鹅的速度要一致，退得过慢会使食管局部膨胀形成堵塞，甚至食管破裂，退得过快又填不满食管，影响填饲量，进而影响肥肝增重。当鹅挣扎颈部弯曲时，应松开脚踏开关，停止送料，待恢复正常时再继续填饲，以避免填饲事故发生。在填饲时根据各鹅的体重确定填饲量，使单位体重的填饲量相等，避免因为填料的不同造成脂肪沉积的差异。

填饲后，要对鹅进行观察。如鹅能自己走回栏内，饮水、休息，精神好、挺胸展翅等，说明填饲正常。如果填饲不当，可能会引起鹅的喙角、咽喉和食管出血，这种鹅在下次填饲时，就会咬紧喙部，用力挣扎，拒绝填饲。如果玉米填得过多，太接近咽喉，鹅就会拼命摇头，试图把玉米甩出来。如玉米甩出来后，鹅仍不停地摇头，并有气喘、呼吸困难等症状，表明玉米粒已掉进气管，很可能会窒息而死。因此，填饲时切忌粗暴，不要填得过分接近咽喉。由于鹅颈有个自然 S 状弯曲，填饲管插入时，必须把鹅颈拉直，否则易损伤食管。

日填饲量直接关系到肥肝的质量和增重，品种和个体间差别较大。如果填饲量不足，脂肪主要沉积在皮下和腹腔，而肝脏沉积少，肝脏增重慢，肥肝质量差；填得过多，容易造成鹅的伤残，影响消化吸收，对肝脏增重不利。填饲过程应由少到多、逐渐增加填饲量，直至填足量，以后维持这个水平。为保证合适的填饲量，每次填饲前应先用手触摸鹅的食管膨大部，如已空，说明消化良好，可适当增加填饲量；如仍有饲料积蓄，说明填饲过量，要适当减少填饲量。进入填饲期后的 1～5d 内，日填饲 3 次，每次 100g；6～23d，日填饲 5 次，每次填饲量 120g 左右。如用糊状料，则要增加填饲次数。填喂次数和时间还需依鹅的大小、食管的粗细、消化能力等而定。国外的大型鹅种和我国的狮头鹅的日填饲量为 1～1.5kg，中型鹅种为 0.75～1kg，小型鹅种为 0.5～0.8kg。大、中型鹅种的填饲时间为 4 周，小型鹅种的为 3 周。填料时间应准时，有规律，不得任意提前或延后。

（三）屠宰取肝

由于鹅个体间存在差异，有的早熟，有的晚熟，因此生产肥肝不能确定统一的屠宰期。填饲到一定时期后，应注意观察鹅群，分别对待，成熟一批，屠宰一批。鹅肥育成熟的特征为：体态肥胖，腹部下垂，两眼无神，精神委靡，呼吸急促，行动迟缓，步态蹒跚，跛行，甚至瘫痪，羽毛潮湿而零乱，出现积食和腹泻等消化不良症状，此时应及时屠宰取肝。对精神好，消化能力强，还未充分成熟的可继续填饲，待充分成熟后屠宰。一般情况下，填饲3～4周后即可屠宰，屠宰前停食12h，但需供应足够的饮水。屠宰取肝是肥肝生产的最后一道工序，必须细致严格，避免损伤肥肝，以获得优质肥肝。肥肝鹅和肉鹅屠宰前阶段的加工流程基本相同，如候宰、淋浴、电晕、宰杀、放血、浸烫等，因此屠宰大型肉鹅加工设备可以直接用于肥肝鹅的屠宰；但屠宰后阶段的加工流程，如脱羽、拔细毛、预冷、取肝等流程，则由于肥肝鹅的特殊性，对加工设备有更高的要求。

1. 肥肝鹅的运输 一般接运肥肝鹅是在清晨，而肥肝鹅的最后一次填饲在头天晚上，这样肥肝鹅已停食8h，加之肥育成熟的鹅体质十分脆弱，因此要用专用的塑料运输笼，笼底铺垫松软垫草，每笼放鹅约4只左右，以免在运输途中挤压伤亡。捕捉和搬运肥肝鹅时动作要轻。在运输时还要避免剧烈颠簸、紧急刹车，以免肥肝鹅因腹部挫伤而导致肥肝淤血或破裂，造成次品。

2. 宰前准备

（1）候宰 填饲成熟的肥肝鹅装笼运抵屠宰场后，应当在候宰区休息12h；如无候宰区，也可让鹅在车上休息一段时间。实践证明，经候宰休息后宰杀的填鹅，其肥肝和胸体的品质明显好于未经候宰休息的填鹅。

（2）淋浴 在宰杀前要用清水对填鹅进行淋浴，使鹅体清洁。

3. 宰杀 将屠宰鹅的两腿胫部倒挂在宰杀架上，头向下，小心切断颈动脉，放血。一般放血时间为5min左右，放血应充分，充分放血后的屠体皮肤白而柔软，肥肝色泽正常；放血不净色泽暗红，肥肝淤血，影响质量。

4. 浸烫 放血充分后立即用60～80℃热水浸烫，时间1～2min，不宜过长，否则毛绒弯曲抽缩，色泽变劣，脱毛时皮肤易破损，严重影响肥肝质量。屠体必须在热水中翻动，受热均匀，使身体各部位的羽毛都能完全浸透。注意不能使胴体挤压，以免损伤肥肝。

5. 脱毛 浸烫到位后的鹅应立即脱毛。脱毛分机械脱毛和人工脱毛两种。普通的脱毛机不适于肥肝鹅的脱毛，因为鹅肥肝有一半是在腹部的，没有龙骨的保护，脱毛机上的橡胶脱毛指，很容易把肥肝打坏，因此，用于肥肝鹅的脱毛机必须是特殊设计的。但一些好的设备却结构复杂，售价高昂。国内中小企业多采用仿法式小型脱毛机，这种人工操作的半机械化脱毛机，结构简单，造价低廉，脱除大羽效果不错，剩余的小毛则完全用手工拔除。一些小型企业，采用人工拔毛，拔毛时将屠体放在桌上，趁热先将鹅胫、蹼和喙上的表皮脱去，然后左手固定屠体，右手依次拔翅羽、背尾羽、颈羽和胸腹部羽毛。拔完粗大的毛后再拔细毛，将屠体放入盛满清水的拔毛池中，依次拔去尾部、两翅之间、胸腹部和颈部残存的毛，拔毛同时，在池中不断放水，保持长流水，冲走漂浮在水面上的羽毛。手工时间不易拔尽的纤羽，可用酒精喷灯火焰燎除，最后将屠体清洗干净。拔毛时不要碰撞腹部，也不可相互推压，以免损伤肥肝。

6. 预冷 刚脱毛的屠体不能马上取肝，因为鹅的腹部充满脂肪，腹脂的熔点很低，为 32～38℃，不预冷取肝会使腹脂流失。由于肥肝脂肪含量高，非常软嫩，内脏温度未降下来就取肝容易损坏肝脏。因此，应将屠体预冷，使其脂肪凝结，内脏变硬而又不冻结，有利于取肝。将屠体平放装盘或放在特制的金属架上，背部向下，胸腹部朝上，置于温度为 4～10℃的冷库预冷 18h。

7. 剖腹取肝 将预冷后的鹅体放置在操作台上，腹部向上，尾部朝操作者。用刀从龙骨前端沿龙骨脊左侧向龙骨后端划破皮脂，然后用刀从龙骨后端向肛门处沿腹中线割开皮脂和腹膜，从裸露胸骨处，用外科骨钳或大剪刀从龙骨后端沿龙骨脊向前剪开胸骨，打开胸腔，使内脏暴露。胸腔打开以后，将肥肝与其他脏器分离。取肝时要特别小心，操作时不能划破肥肝，分离时不能划破胆囊，以保持肝的完整。如果不慎将胆囊碰破，应立即用水将肥肝上的胆汁冲洗干净。操作人员每取完 1 只肥肝，用清洁水冲一下双手。取出的肥肝应适当整修处理，用小刀切除附在肝上的神经纤维、结缔组织、残留脂肪和胆囊下的绿色渗出物，切除肝上的淤血、出血斑和破损部分，放在生理盐水中浸泡 10min。捞出沥干水，放在盘中，称重分级；然后放在约－18℃的冷库中可保存 3 个月。如果销售鲜肝，可直接用冰块包装。

二、鹅羽绒的采集

（一）鹅羽绒的组成

羽绒根据生长发育程度和形态的差异又可分为以下几种类型。

1. 毛片 毛片是羽绒加工厂和羽绒制品厂能够利用的正羽。其特点是羽轴羽片和羽根较柔软，两端相交后不折断。生长在胸、腹、肩、背、腿、颈部的正羽为毛片。毛片是鹅毛绒主要的组成部分。

2. 朵绒 生长发育成熟的一个绒核放射出许多绒丝并形成朵状。

3. 伞形绒 指未成熟或未长全的朵绒，绒丝尚未放射状散开，呈伞形。

4. 毛形绒 指羽茎细而柔软，羽枝细密而具有小枝，小枝无钩。

5. 部分绒 系指一个绒核放射出两根以上的绒丝，并连接在一起的绒羽。另外，生产上常见的有以下几种劣质羽绒：①黑头，指白色羽绒中的异色毛绒。黑头混入白色羽绒中将大大降低羽绒质量和货价。出口规定，在白色羽绒中黑头不得超过 2%，故拔毛时黑头要单独存放，不能与白色羽绒混装。②飞丝，即每个绒朵上被拔断了的绒丝。出口规定，飞丝含量不得超过 10%，故飞丝率是衡量羽绒质量的重要指标。③血管毛指没有长成的毛片，比普通的毛短而白，毛根呈紫红色或血清色，含有血浆。

（二）鹅的活体拔毛

1. 活体拔毛优点　方法简单，容易操作，是目前畜牧业生产中投资少效益高的一项新技术。周期短，见效快，每隔40～45d拔毛1次。1只种鹅利用停产换羽期间可拔毛3次，而专用拔毛的鹅可以常年拔毛，每年可以拔5～7次。活体拔毛比屠宰取毛法能增产2～3倍的优质羽绒。没有经过热水浸烫和晒干，毛绒的弹性强，蓬松度好，柔软洁净，色泽一致，含绒量达20%～22%。其加工产品使用时间比水烫毛绒延长2倍左右。

2. 活体拔毛准备工作　在拔毛前，要对初次参加拔毛的人员进行技术培训，使其了解鹅体羽绒生长发育规律，掌握活体拔毛的正确操作技术。初拔毛者，拔1只鹅的毛大约需要15min，熟练者10min左右即可完成。拔毛前几天抽检几只鹅，看看有无血管毛，当发现绝大多数羽毛的毛根已经干枯，用手试拔容易脱落，表明已经发育成熟，适于拔毛。拔毛前一天晚上对鹅要停止喂料和饮水，以免拔毛过程中排粪污染羽毛。拔毛应在风和日丽晴朗干燥的日子进行。

为了使初次拔毛的鹅消除紧张情绪，使皮肤松弛，毛囊扩张，易于拔毛，可在拔毛前10min左右给每只鹅灌服10～12mL白酒。方法为用玻璃注射器套上10cm左右的胶管，然后将胶管插入食管上部，注入白酒。

拔毛必须在无灰尘、无杂物、地面平坦、干净（最好是水泥地面）的室内进行。将门窗关严。非水泥地面，应在地面上铺层干净的塑料布。存放羽毛要用干净、光滑的木桶、木箱、纸箱或塑料袋。备好镊子、红药水或紫药水、脱脂棉球，以备在拔破皮肤时消毒使用。另外，还要准备拔毛人员坐的凳子和工作服帽、口罩等。

3. 拔毛部位及保定　拔毛者坐在凳子上，把鹅翻转过来，使其胸腹部朝上，鹅头向着人，用两腿同时夹住鹅的头颈和双翅使鹅不能动弹（但不能夹得过紧，防止窒息）。拔毛时，一手压住鹅皮，一手拔毛。两只手可轮流拔毛，减轻手的疲劳，有利于持续工作。

（1）拔毛方法　拔毛一般有两种方法：一种是毛片和朵绒一起拔，混在一起出售，这种方法虽然简单易行，但出售羽绒时，不能正确测定含绒量，会降低售价，影响经济效益；另一种是先拔毛片后拔朵绒，并且分开存放，分开出售，毛片价低，朵绒价高，经济效益较好。先拔去黑头或灰头等有色毛绒，予以剔除，再拔白色毛绒，以免混合后影响售价。

（2）拔毛要领　先从颈的下部开始，顺序是胸部、腹部，由左到右，用拇指、食指和中指捏住羽绒，一排一排，一小撮一小撮地往下拔。切不要无序拔毛。拔毛时手指紧贴皮肤毛根，每次拔毛不能贪多（一般2～4根），容易拔破皮肤。胸腹部拔完后，再拔体侧、腿侧、肩和背部。除头部、双翅和尾部以外的其他部位都可以拔取。因为鹅身上的毛在绝大多数的部位是倾斜生长的，因此顺向拔毛可避免拔毛带肉、带皮，避免损伤毛囊组织，有利于毛的再生长。

（3）拔毛注意事项 ①降低飞丝含量。②拔毛时若拔破皮肤，要立即用红药水或紫药水涂擦伤部，防止感染。③刚拔毛的鹅，不能放入未拔毛的鹅群中，否则会引起“欺生”等攻击现象，造成伤害。④若遇血管毛太多，应延缓拔毛，少量血管毛应避开不拔。⑤少数鹅在拔毛时发现毛根部带有肉质，应放慢拔毛速度；若是大部分带有肉质，表明鹅体营养不良，应暂停拔毛。⑥体弱有病、营养不良的老鹅（4～5岁以上），不应拔毛；加工全鹅制品，要求屠体皮肤美观者，也不宜拔毛。

（三）拔绒后的饲养管理

活体拔毛的鹅皮肤裸露，3d内不要在阳光下暴晒，7d内不要下水。对皮肤有伤的鹅要加强管理，防止感染，等伤口愈合后再下水。拔毛的鹅与没拔毛的鹅要分群饲养，拔毛后公母鹅以及皮肤有伤的鹅也要分开饲养。鹅舍要清洁干燥，垫料柔软干净，夏季防蚊虫叮咬，冬季注意保暖防寒。每天每只鹅补饲150～180g全价饲料，注意各种矿物质和微量元素的合理供给，最好在饲料中加入2%～3%的水解羽毛粉等含硫氨基酸的蛋白质饲料，以更好地满足羽绒生长所需的营养物质。拔羽绒7d后，应经常让鹅洗浴，多放牧，多食青草，这些都有助于提高羽绒的再生速度和品质。

（四）羽绒包装及储存

朵绒遇到微风就会飘飞散失，包装操作时禁止在有风处进行。包装袋以两层为好，内层用较厚的塑料袋，外层为塑料编织袋或布袋。先将拔下的羽绒放入内层袋内，装满后扎紧内袋口，然后放入外层袋内，再用细绳扎实外袋口。

拔下的羽绒如果暂时不出售，必须放在干燥、通风的室内储存。白鹅绒受潮发热，会使毛色变黄。因此，在储存羽绒期间必须严格防潮防霉防热防虫蛀。定期检查毛样，如发现异常，要及时采取改进措施。库房地面一定要放置木垫，可以增加防潮效果。不同色泽的羽绒毛片和朵绒，要分别标记，分区存放，以免混淆。当储存到一定数量和一定时间后，应尽快出售或加工处理。

第八章　家禽常见病及其防治

第一节　鸡常见病的防治

一、鸡新城疫

鸡新城疫（又称亚洲鸡瘟、俗名“鸡瘟”）是由新城疫病毒引起的，以呼吸困难、腹泻、神经症状为主要特征的急性传染病。各种鸡龄、不同品种的鸡都可发病，雏鸡抵抗力弱，易感性高。

1. 临床症状　病鸡精神委顿，食欲不振，喜欢饮水；羽毛松乱，闭目缩颈，呈昏睡状，头下垂或伸入翅下，鸡冠及肉髯渐渐变成暗紫色。病情逐渐加重，出现特征性症状，如咳嗽、呼吸困难、流鼻液、常伸头颈、张口呼吸并发出“咯咯”“咕噜”的喘鸣声；嗉囊空虚，有液体和少量固体，口、鼻有大量黏液，为排出这些黏液，鸡常做摇头或吞咽动作，倒提病鸡时，口角流出酸臭液体；腹泻时，粪便呈绿色和黄白色，后期呈蛋清样。从开始发病到死亡一般为3～5d。

本病流行后期，主要表现为各种神经症状，如腿翅麻痹，跛行或站立不稳，运动失调，伏地旋转，头伸向一侧扭曲或头颈后仰呈“观星”姿势，最后瘫痪死亡。

2. 防治措施　鸡场鸡舍和饲养用具要定期消毒，保持饲料、饮水清洁，新购进的鸡不可立即与原来的鸡合群饲养，要单独饲养一个月以上，证明确实无病并接种疫苗后，才能合群饲养。

鸡群一旦发生了新城疫，对病鸡应隔离淘汰；死鸡应深埋或烧毁。对尚未发病的鸡，应紧急接种疫苗，以Ⅱ系苗、Ⅳ系苗为好，通常接种一周后，就不再出现新的病鸡。

二、鸡马立克氏病

马立克氏病是由马立克氏病病毒引起的一种肿瘤性疾病。雏鸡对病毒的易感性高，尤其是日龄越小易感性越高，2～5 月龄的鸡易表现症状。

1. 临床症状 根据其临床症状和病变发生的部位，可分为下面 4 种类型。

(1) 神经型 主要特征是鸡的一条腿或两腿麻痹，常见的是一条腿麻痹，另一条腿向前跨步时，麻痹的腿跟不上来，拖在后面，形成“大劈叉”的特殊姿势。臂神经受害时，一侧或两侧翅膀麻痹下垂。颈部肌肉的神经受害时，引起扭头、仰头现象。

(2) 内脏型 表现为一种或多种内脏器官及性腺发生肿瘤，病鸡起初无症状，冠髯萎缩、颜色变淡，进行性消瘦，最后衰竭而死。

(3) 眼型 当眼球的虹膜受到侵害时，逐渐丧失对光线的调节能力，瞳孔收缩，正常色素消失，呈弥漫的灰白色，严重的可至失明。

(4) 皮肤型 在翅膀、颈部、背部、尾部的皮肤上形成肿瘤。

2. 防治措施 种蛋及孵化器需用福尔马林熏蒸消毒，以防雏鸡刚出壳即被蛋壳上及孵化器中的马立克氏病病毒感染。雏鸡对马立克氏病最易感，必须与成年鸡分开饲养。

严格检疫，发现病鸡立即淘汰，饲养场地彻底消毒，定期进行药物驱虫，尤其要加强对雏鸡球虫病的防治。

1 日龄雏鸡用马立克氏病疫苗，或二价苗进行接种。

三、传染性法氏囊病

鸡传染性法氏囊病是由鸡传染性法氏囊病病毒引起鸡和火鸡的一种急性、高度接触性传染病。本病主要是侵害鸡的中枢免疫器官（法氏囊），使法氏囊不能生成淋巴细胞，从而不能生成球蛋白，引起免疫机能障碍，导致鸡群对免疫接种的抗体反应性降低，并对多种其他疾病的易感性增高，即出现免疫抑制现象。因此，本病常造成严重的经济损失。

1. 临床症状 本病的潜伏期为 1～5d。病初可见有病鸡啄其泄殖腔的现象，鸡群发病突然，感染鸡减食、精神委顿，翅膀下垂、羽毛无光泽、嘴常插于羽毛内，怕冷、呆立或卧地呈衰弱状态，排出黄色、灰白色水样粪便，肛门周围羽毛被粪便污染。急性者出现症状后 1～2d 内死亡。多数鸡病程为 5～7d。发病 7d 以后未死亡的鸡多数能耐过，耐过后表现贫血、消瘦，生长缓慢，饲料利用率降低。

2. 防治措施 传染性法氏囊病为高度接触性传染病，鸡法氏囊病病毒对各种理化因素有较强的抵抗力，且无特效的治疗方法。因此，平时应加强卫生管理，定期消毒。制订严格的免疫程序是控制该病的主要方法。

(1) 疫苗类型 法氏囊病疫苗可分为灭活苗和弱毒活疫苗两类。目前应用较多的为活疫苗。

①灭活疫苗多用鸡胚成纤维细胞毒或鸡胚毒经灭活后加油佐剂制成，可分为囊源灭活疫苗、细胞毒灭活疫苗和鸡胚毒灭活疫苗，一般用于活疫苗免疫后的加强免疫。

②活疫苗分为温和型、中毒力型、强毒力型。

A. 温和型活疫苗　这类疫苗毒力低，接种后产生抗体较慢，抗体水平也较低，常在安全地区或无母源抗体的鸡群中使用。D78、PBG98、LKT、UD228 等属于这类型疫苗。

B. 中毒力活疫苗　此疫苗毒力强，接种后可对法氏囊产生可逆性损伤，但 7d 后产生较高水平的中和抗体。目前此类疫苗在发病地区或母源抗体水平高的地区应用较广泛，我国 BJ-836（鸡胚成纤维细胞苗）、B87（鸡胚苗）和德国的 CUIM（鸡胚苗）等均属此类。

C. 强毒力型活疫苗　这类疫苗对雏鸡有一定的致病力和免疫抑制力，故目前世界各国都已不使用，如 2512 毒株、J-1 毒株。

（2）免疫程序

①雏鸡来自未接种鸡法氏囊病灭活苗的鸡群　7～10 日龄采用点鼻或饮水方式做第一次鸡法氏囊病弱毒苗免疫。30～35 日龄做第二次鸡法氏囊病弱毒苗免疫。经过二次鸡法氏囊病弱毒苗免疫的种鸡于 18～20 周龄采用肌内注射方式做鸡法氏囊病灭活油佐剂疫苗免疫。

②雏鸡来自接种过鸡法氏囊病灭活苗的群种鸡　首免应在 2～3 周，用鸡法氏囊病弱毒苗免疫，第 5 周再用弱毒苗免疫一次，至 18～20 周龄，用鸡法氏囊病灭活油佐剂疫苗免疫，接种过弱毒疫苗的种母鸡再次注射灭活疫苗时，由于记忆反应的作用，具有母源抗体滴度高、持续时间久的特点。

四、鸡球虫病

球虫病是由艾美耳球虫寄生于鸡肠道上皮内而引起的一种原虫病，以 3～7 周龄幼鸡最易感。本病对患病雏鸡的致死率在 50%以上，耐过的鸡生长缓慢。球虫病是严重危害肉鸡养殖的一种疾病。

1. 临床症状　急性型以 2 月龄以内的雏鸡最为多见，初期表现精神萎靡，采食量下降或完全废绝，羽毛松乱无光泽，畏寒怕冷，容易扎堆，而扎堆后密度变大，更加速了疾病的传播。粪便稀薄，黏度增大，常污染肛门周围羽毛。如果为柔嫩艾美耳球虫感染，粪便呈棕红色，后变为血粪。若由毒害艾美耳球虫所引起，则排出大量黏液血便。

慢性型主要发生于（2～4 月龄）青年鸡和性成熟鸡，通常呈慢性带毒状态，病程较长，具体临床症状不明显，基本无死亡或死亡率非常低。感染鸡通常生长发育不良，逐渐消瘦，产蛋率下降，平均蛋重减轻，蛋壳质量差，破壳蛋、软壳蛋、砂皮蛋、血斑蛋、畸形蛋等比例升高。

2. 防治措施 鸡球虫病的防治，目前仍以药物为主。对球虫病的治疗最好在病初出现症状时及时治疗。因球虫易产生抗药性，因此要有计划地交替使用或联合使用数种抗球虫药。

另外，鸡舍应定期清除粪便，注意饲料和饮水卫生。对鸡舍、运动场及饲养用具应定期消毒。消灭鸡舍内的鼠类、蝇类及其他昆虫，减少卵囊的散布。

五、禽白血病

禽白血病是由禽C型反转录病毒群的病毒引起禽类多种肿瘤性疾病的统称。在临床中主要以淋巴细胞性白血病最为常见，本病几乎波及所有的商品鸡群，但出现临床症状的病鸡数量不多。本病一旦感染，没有任何治疗价值，会给养鸡户造成严重的损失。

1. 临床症状 临床中分为淋巴细胞性白血病、成红细胞性白血病、成髓细胞性白血病、骨髓细胞瘤病、骨硬化病等类型，主要以淋巴细胞性白血病最为普遍。14周龄以后开始发病，在性成熟期发病率最高。病鸡精神委顿，全身衰弱，并呈进行性消瘦和贫血。鸡冠及肉髯苍白、皱缩，偶见发绀。病鸡食欲减退或废绝、腹泻、产蛋停止，腹部常明显膨大，用手按压可摸到肿大的肝脏，最后病鸡衰竭死亡。

2. 防治措施 减少种鸡群的感染率和建立无白血病的种鸡群是控制本病的最有效措施，但由于费时长、成本高、技术复杂，一般种鸡场还难以实行。因此，引进鸡场的种蛋、雏鸡应来自无白血病的种鸡群，同时加强鸡舍孵化、育雏等环节的消毒工作。

六、鸡白痢

鸡白痢是由鸡白痢沙门氏菌引起鸡和火鸡等的传染病。一般2～3周龄雏鸡多发，发病率和死亡率都很高。

1. 临床症状 被感染种蛋在孵化过程中可出现死胎，孵出的弱雏及病雏常于1～2d内死亡，并造成雏鸡群的横向感染。出壳后感染鸡常呈急性败血症死亡，7～10日龄鸡发病日渐增多，至2～3周龄达到高峰。急性病鸡常呈无症状而突然死亡。稍缓病鸡常表现为怕冷成堆，气喘，不食，翅下垂，昏睡，排出白色或带绿色的黏性糊状稀便并污染肛门周围，糊状粪便干涸后堵塞肛门，致使病雏因排粪困难而发出尖锐的叫声。耐过的病雏多发育不良，成为带菌者。成年母鸡感染后产蛋率及受精率下降，孵化率低，严重者死于败血症。

2. 防治措施 用药物治疗急性病例，可以减少雏鸡的死亡，但愈后仍可成为带菌者。预防的措施主要是加强检疫、净化鸡群，严密消毒，加强雏鸡的饲养管理和育雏室保持清洁卫生，并注意日粮搭配合理。

第二节　水禽常见病的防治

一、鸭流感

鸭流感是由正黏病毒科的A型流感病毒引起鸭呼吸道症状的疾病，可以激发细菌感染侵害各品种、各日龄的鸭后致死，对养鸭业危害最为严重。

1. 临床症状　肉鸭感染后，常常表现为严重的精神委顿，闭眼蹲伏，扭颈呈S状、头顶部触地、侧卧，横冲直撞、共济失调等各种神经症状，肿头，流泪、红眼，呼吸困难，排白色或青绿色稀粪。

蛋鸭和种鸭感染后，蛋鸭或开产种鸭群中15%～90%的鸭不产蛋，从而导致整个鸭群出现产蛋异常现象，包括产蛋率急剧下降，产软壳蛋、粗壳蛋、薄壳蛋、无壳蛋和畸形蛋等异常蛋，产蛋高峰消失等。

2. 防治措施　控制本病的传入是预防本病的关键措施，做好引进种鸭、种蛋的检疫工作，坚持全进全出的饲养方式，平时加强消毒，做好免疫工作，提高鸭的抵抗力。

鸭流感灭活疫苗具有良好的免疫保护作用，是预防本病的主要措施，但应选择与本地流行的鸭流感病毒毒株血清亚型相同的灭活疫苗进行免疫。

一旦发现高致病力毒株引起的鸭流感时，应及时上报、扑灭。对于中等或低致病力毒株引起的鸭流感，可用一些抗病毒药物（如金刚烷胺、病毒灵等）和广谱抗菌药物以减少死亡和控制继发感染。

二、鸭病毒性肝炎

雏鸭病毒性肝炎是由小RNA病毒科鸭甲肝病毒引起的急性高致死性的传染病，各种雏鸭均可感染发病，是育雏阶段危害最为严重的传染病之一。具有发病急、传播快、死亡率高等特点。

1. 临床症状　雏鸭肝炎病毒感染的潜伏期短，人工感染雏鸭可在24h内出现死亡。临床上表现为发病急、死亡快。病鸭常表现精神沉郁、食欲下降或废绝、行动迟缓、蹲伏或侧卧，随后出现阵发性抽搐，大部分感染鸭在数分钟或数小时内死亡。死亡鸭多数呈明显的角弓反张姿势。

2. 防治措施　无特效药物治疗，接种疫苗是预防本病的最有效措施。对于无母源抗体的雏鸭，在1～3日龄接种一次雏鸭肝炎弱毒苗后可以产生良好的免疫力。另外可通过免疫种鸭来保护雏鸭，具体做法为种鸭于开产前间隔15d左右接种两次雏鸭肝炎弱毒苗，然后在产蛋高峰期后再免疫1～2次，可以保证雏鸭具有较高的母源抗体。母源抗体对10日龄以内的雏鸭具有良好的保护作用。对于病毒污染比较严重的鸭场，10 日龄以后的雏鸭仍有部分可能被感染，可再补充注射雏鸭肝炎高免卵黄抗体。发病时，可紧急注射雏鸭肝炎高免卵黄抗体或高免血清来控制疫情。

三、小鹅瘟

小鹅瘟是由小鹅瘟病毒引起雏鹅急性或亚急性的败血症传染病，主要发病为渗出性肠炎。小鹅瘟病毒属于细小病毒，对周围环境抵抗力强。雏鹅的易感性会随年龄增长而减弱，一周龄雏鹅死亡率高达 100%。此病传染快且死亡率高，对养鹅业的发展影响极大。

1. 临床症状 本病潜伏期一般为 3～5d，一般分为最急性型、急性型和亚急性型 3 种。

（1）最急性型　常见于 3～7 日龄的雏鹅，通常不见有任何症状，或刚出现轻微症状后不久便快速死亡，且病势传播极快。

（2）急性型　多为 15 日龄的雏鹅，大多数感染的雏鹅均为急性型。表现为精神沉郁，采食减少或采食但不下咽，多饮水，排出灰白色或黄绿色稀便，鼻孔有分泌物流出，死前两腿麻痹或抽搐。一般病程为 2～3d。

（3）亚急性型　一般发生于为 2 周龄以上的雏鹅，主要表现为食欲不振，精神沉郁，消瘦，排稀便等。病程在一周左右，有一部分鹅能康复，但由于生长发育受阻会导致发育不良。

2. 防治措施 全场要定期进行消毒，种蛋入孵前应对孵育室进行甲醛熏蒸消毒，做好育雏室的清洁与消毒工作。刚出生雏鹅不要接触大鹅和蛋壳，防止感染小鹅瘟。

在种鹅产蛋前 2～4 周用小鹅瘟弱毒苗进行免疫接种，可以使孵出的雏鹅获得母源抗体的保护而避免患小鹅瘟。如母鹅没有进行防疫，雏鹅要在 1 日龄内皮下注射疫苗进行预防。

第九章　家禽场的经营管理与产品控制

第一节　家禽场的经营管理

一、优良品种的引进

1. 引种前的管理　经营家禽场时，如果没有自己的培育品种，就需引进外来优良品种。家禽场的管理需要根据环境条件、育种能力、消费市场、市场需求、消费人群习惯、消费趋势和消费层次等选择合适的品种。引进家禽优良品种时，必须遵循正规的官方途径，优质种鸡必须来自有商业执照的育种场。引进前还必须对其进行检疫，如是否具有高度垂直性传播的疾病（禽白血病、鸡白痢等），在进鸡前要查看是否具有合格的检疫材料，确保家禽场引进质量合格的种鸡用于养殖。为了确保家禽在运输过程中的安全，在要对车辆进行清洗并且必须对工具进行消毒。

2. 引种后的管理　所有引进品种的家禽养殖场，需要根据养殖目标和当地市场消费习惯来进行育种。饲养者必须按照高标准进行操作，通过利用较高的种禽数量来培育新的品种或品系，可以获得竞争优势。家禽育种一般从 4 个方面影响养殖场的经济效益，①通过育种可以充分利用引进的品种，提高家禽产品的质量和其他特性；②可以开发新的品种或品系，确保种群具有较高的总产量，提供满足市场需求的优质产品；③从现有的优良品种中挑选出优秀的种禽并推广使用，提高家禽种群的覆盖率，不断对种群进行遗传改良；④通过育种增加杂交品种或优化杂交组合，利用杂交优势，为工业化家禽生产提供高性能、低消耗的家禽产品，从而提高生产效率和经济效益。

二、科学饲养管理

在鸡群进入目标鸡舍之前，鸡笼、饮水和设备（喂食盘、水桶和饮水器）等必须彻底清洗消毒和晾干等。进鸡前一周，将鸡舍内所有物品归放到正确位置，并提供足够的饮水器和食槽，确保所有鸡都能够正常采食。对于雏鸡来说，温度和湿度至关重要。在雏鸡进入育雏舍之前，用甲醛溶液对鸡舍进行密闭熏蒸消毒 2d，2d 后将鸡舍的温度调整到所需温度，并准备开口料和水。此外，鸡舍的照明、通风温度和湿度的有效控制对家禽的健康和营养物质的转化也是至关重要的。

对于种鸡而言，根据鸡的品种（系）、世代、饲养方式、生产性能和生长发育特点，制定适宜的科学的高效饲养方案，同时针对鸡生长发育不同阶段的饲料使用、饲养时间、光照时间、光照强度、温度和湿度也要进行合理制定。保证种鸡的质量，应严格限制饮食，并对其定期称取体重、均匀度等。饲料应妥善储存，防止发霉和变质。在饲喂过程中工作人员应轻拿轻放，准确无误，避免造成饲料的不必要浪费，降低生产成本并减少鸡群应激，确保其在安静、健康的环境中生长。

三、经营管理措施

1. 合理配置工作人员 经营管理者、决策者（场长）是家禽场生存和发展的关键。健全和知情的管理决策、合理的协调、对市场变化的及时反应和科学的领导，对工人的积极性和家禽养殖场的经济效益、社会效益有直接影响。家禽场的领导和员工要确保各司其职的情况下，要协同相互配合。

场长全面负责场区生产的经营管理、监督和控制生产计划及各种措施的实施，组织每个鸡群的管理计划、预防措施和抽样检查，在管理会议上执行有关决定，并在管理会议上定期报告生产状况。副场长管理家禽场，控制场内人员的工作和纪律，为每批鸡制定饲养计划并定期检查饲养情况，按照规定掌握工作人员的工作条件。技术主管负责监督该部门的员工，确保他们遵守公司规定、正确履行职责。工人在饲养过程中，及时巡视鸡群或鸡舍设备中的任何异常情况，如果无法处理纠正，应立即报告。同时积极协助接种疫苗，并履行场长和副场长协调安排的工作。

2. 制定奖罚制度和财务管理 在家禽场正常运营的财务管理中，生产成本是财务活动的基础和核心。鸡群的日常记录系统也很重要，形成日报和周报，做到每日、每周按实际生产数据上报管理经营者，主要包括鸡只日龄、存活率、死亡率和孵化等数据。

家禽场应设定生产成绩目标，对工作人员主要的生产指标，如高峰期产蛋率、周产蛋率、稳产期天数、受精率和死淘率等，应设立奖励和惩罚制度，以此充分调动工作人员的积极性和主动性，定期组织职业技能培训，提升员工队伍的整体素质，最大限度地挖掘并发挥员工的潜力，最终保证整体业务的圆满进行。

3. 强化市场调研 获得优质、高效的家禽产品之后，就需要建立家禽产品的市场。提高家禽产品的市场预测、销售和售后服务水平，对家禽企业树立良好的口碑起决定性作用。在现代畜牧养殖业中，销售和营销工作是生产产品后的一个重要组成部分。家禽场的最终目的是获得最大的经济利润，而鸡生产后的目的是保证产品的销售。鸡肉和鸡蛋在农产品中相对容易销售，但销售过程中很难对新鲜度、适销性和质量进行测量，而鸡蛋是易碎的，破蛋率太高会直接影响销路。因此，经营管理层需要重视并改善营销运作，树立良好的企业形象，提供最优质的售后服务，提高产品质量和竞争力，为销售家禽产品创造良好条件。

第二节　家禽场的产品质量控制

随着生活水平的不断提高，人们对家禽产品质量极其重视，特别是无公害家禽产品的需求逐年增加。有效控制家禽场的产品质量，实现大规模生产有机家禽产品的技术条件，对畜牧业的绿色、可持续发展极其重要。

一、家禽产品质量的安全问题

1. 养殖场与环境问题　尽管近年来家禽生产模式有了一定程度的改善，但仍存在养殖条件差、养殖密度高等问题，对家禽产品的质量和安全构成威胁。一些养殖场建场选址错误，选择了有毒有害物质污染的地方，一些生产设施释放的重金属、有机氯化合物等污染了水和饲料来源，有毒物质最终会富集到家禽产品中，消费者的健康受到严重威胁。当然，工业三废和生活废水也对家禽生产、产品质量和安全有直接或间接的影响。家禽产品的质量监管过程中，缺乏可追溯性、安全管理系统不完善、非检疫性贸易和检疫产品不足等问题在家禽市场上很常见。造成这些问题的主要原因是家禽生产经营者，只是片面可以追求经济利益，而没有履行其销售义务，不遵守国家规定的硬性标准。此外，家禽品种也是影响家禽产品质量和安全的一个关键因素，如果没有选择合适的品种，后期生长性能、产蛋性能差以及抵抗力差、存活率低和易受疾病影响等问题会很突出，最终影响家禽产品的质量。

2. 药物残留问题　在家禽饲养过程中，饲料、兽药和生物制品等投入影响着家禽的产品质量安全。农药残留和未经授权销售家禽产品等欺诈行为，造成市场经营混乱。一些小型家禽生产者缺乏守法意识，为了降低成本，获得经济效益，在家禽饲料中添加一些禁用药物，导致家禽产品中的药物残留量很高。家禽中的兽药和添加剂的残留物，会对人体产生过敏、致癌等危害。一些家禽养殖户不遵守相关兽药的停药期，导致兽药残留、超标等问题很突出，对家禽产品的质量和安全产生重大影响。

广大消费者普遍认为土鸡和土鸡蛋的质量和营养价值高，但由于饲养环境控制难度很大，其质量和安全风险远远大于传统笼养家禽产品。家禽的疾病是影响产品质量和安全的重要因素，而且很难确定活禽是否是禽流感病毒、新城疫病毒、大肠杆菌和沙门菌等的携带者，从而对家禽产品质量构成威胁。因此，正确认识家禽产品质量风险的源头以及发生过程，有助于改善家禽产品的质量和安全管理。

二、家禽产品质量的控制措施

随着人们对有机、优质和安全食品的需求不断增加，可持续的有机家禽生产已成为现代家禽养殖业的发展趋势，家禽养殖场要确保家禽产品的质量安全。

国家应加大对家禽产品质量控制的宣传力度，出台统一的安全标准和规范，完善新品种的开发，积极推广安全健康的功能性产品，满足居民多样化的营养需求。推广、制定法律指导下的禽类产品质量安全保障和防控行为规范，做到有法可依，有章可循，有队伍保障优质产品的质量安全，严厉处罚违法企业。建立有毒有害残留物的标准检测技术，系统有效地满足家禽产品质量管理和安全的需求。

可追溯性是确保家禽产品质量安全的一个有效途径，它可以确保消费者了解他们所消费食品的生产情况，也可以提高对食品安全突发事件的反应。